知识生产的原创基地
BASE FOR ORIGINAL CREATIVE CONTENT

颉腾商业
JIE TENG BUSINESS

情绪影响力

Influence

What it Really Means and
How to Make it Work For You

[英]珍妮 · 纳本(Jenny Nabben) 著
麦吉 译

华龄出版社
HUALING PRESS

图书在版编目（CIP）数据

情绪影响力 /（英）珍妮·纳本著；麦吉译 . -- 北京：华龄出版社，2024.5

ISBN 978-7-5169-2744-1

Ⅰ. ①情… Ⅱ. ①珍… ②麦… Ⅲ. ①情绪—自我控制—通俗读物 Ⅳ. ① B842.6-49

中国国家版本馆 CIP 数据核字 (2024) 第 079371 号

策　　划　颉腾文化　　　　责任印制　李未圻

责任编辑　田　旭　李梦娇　　装帧设计　王建敏

书　　名　情绪影响力

作　　者　[英]珍妮·纳本（Jenny Nabben）　　译　者　麦　吉

出　　版
发　　行　华龄出版社 HUALING PRESS

社　　址　北京市东城区安定门外大街甲 57 号　　邮　编　100011

发　　行　（010）58122255　　传　真　（010）84049572

承　　印　涿州市京南印刷厂

版　　次　2024 年 5 月第 1 版　　印　次　2024 年 5 月第 1 次印刷

规　　格　880mm × 1230mm　　开　本　1/32

印　　张　6.5　　字　数　124 千字

书　　号　ISBN 978-7-5169-2744-1

定　　价　59.00 元

INTRODUCTION | 引言

本书将带你踏上探索影响力的旅程。你将深入了解影响力的基本构成、影响力的理论和概念以及语言如何发挥其神奇的力量。本书不仅能教你如何讲述富有感染力的故事，还将告诉你如何调整自己的情绪意识，与他人产生深度的共鸣，由此让你的大脑变得更理智，看待世界的角度更全面。

阅读本书，你将学到高效实用的方法和简单易行的日常练习，这些练习将全方位帮助你提升自己的影响力，让你在任何场合都能更好地影响他人。

如果你想挑战自己的思维方式，可以尝试做做书中的测试，看看你的理智能否驾驭情感，同时比较大脑在处理、理解和吸收信息时的不同之处。

现在，就让我们一起开始这段奇妙的旅程，探索如何在压力下发挥影响力吧！

CONTENTS | 目录

第一章

为什么影响力至关重要

世事本无好坏，皆因思想使然。

——莎士比亚，《哈姆雷特》

本章主要内容：

- 影响力的本质
- 神经科学的独特洞察
- 什么驱动着我们：战斗还是逃跑
- 情绪的科学
- 行动中的影响力

影响力的本质

在我们的个人生活和职业生涯中，能够积极影响他人是最重要的成功技能之一，那么我们所说的“影响”是什么意思呢?

“影响”这个词既是名词又是动词——我们既拥有影响力，也可以去影响他人。就像很多词一样，它也有多重的意义，因为它对不同的人有不同的含义。如果你在互联网上搜索一下，你会看到《时代》杂志2013年最具影响力人物榜单，其中包括詹妮弗·劳伦斯（Jennifer Lawrence，演员）、杰伊（Jay Z，音乐家、企业家）、马拉拉·优素福·扎伊（Malala Yousazai，社会活动家）、埃隆·马斯克（Elon Musk，发明家、企业家）和希拉里·曼特尔（Hilary Mantel，作家）。这些人通过他们的艺术、天赋、智慧或对某项事业的承诺来影响他人。

他们描绘了另一个世界，展现了人类的能力，并激发了我们的创新精神。但这不仅仅是有才华、有人脉或受过良好教育的人才能实现的。想想罗莎·帕克斯（Rosa Parks）、卡米拉·巴特曼海利迪（Camila Batmanghelidjh，英国儿童公司创始人）以及保罗（Paul）和罗布·福坎（Rob Forkan）（Gandys 人字拖创始人）。这些普通人同样以自己独特的方式有所作为。虽然我们可能会仰慕先驱者、有远见的人和有才华的人，但我们每个人都可以提高自己的个人影响力，无论我们是想为自己的事业争取更多支持和帮助，还是成为更好的领导者、教练或朋友。

为什么影响力在商业中如此重要?

影响力可能需要多年才能建立起来，但可能在瞬间消失。《时代》杂志2004年最具影响力的人物名单包括兰斯·阿姆斯特朗（Lance Armstrong）和梅尔·吉布森（Mel Gibson），2009年的名单中有泰格·伍兹（Tiger Woods），2011年的名单中有多米尼克·斯特劳斯–卡恩（Dominique Strauss-Khan）——但所有这些人现在都“失宠”了。在过去的十年里，许多行业和机构都遭受了同样的命运，因为它们一个接一个地出现了问题：一个颠覆了全球经济体系的金融体系，正在经历多年来信任度最低的英国政府，为了利益而侵犯个人隐私的新闻部门，还有那些花在“漂绿”上的钱比花在安全和经济公平上的钱还多的企业巨头。在这个“永远在线”的社交媒体世界里，客户、消费者和选民不仅会改变立场，还会积极反对那些被发现有问题的事务。所有这些机构都遭受了巨大的声誉损失，需要数年时间才能恢复。可见，影响力来之不易却会稍纵即逝。

影响力模型

如果说建立自信是为了在世界上更好地认识自我，那么影响力则是为了对世界产生更大的影响。建立影响力的技巧是在心灵与头脑之间寻求平衡、在情商与智商之间寻求平衡、在进退之间寻求平衡。当然，影响力无关以权谋私或是危难下的缩手缩脚。为了影响他人，我们需要站出来，让他人听到我们的声音，但有时我们也需要安静地坐着，耐心倾听他人的意见。影响力是平衡所有这些因素后得出的最佳效应点（见图 1-1）。

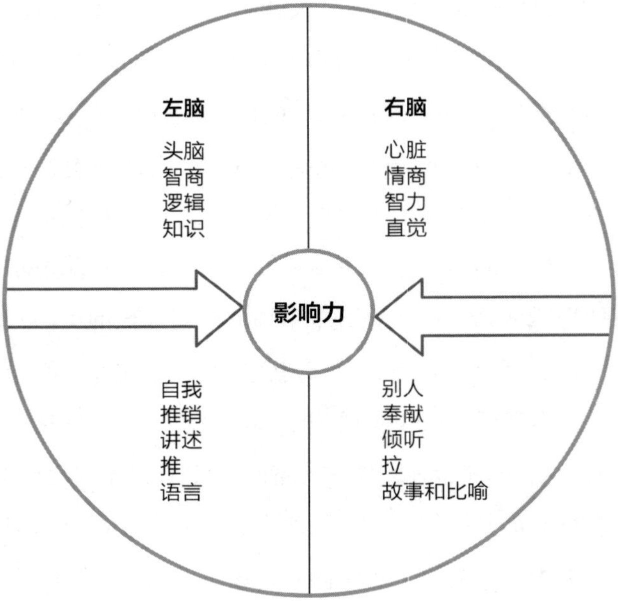

图 1-1　影响力是左脑和右脑技能和行为之间的平衡

影响力的第 1 条规则

找到你的最佳状态，关注那些能使你的生活发生最大变化的技能。

神经科学的独特洞察

当你试图说服或激励一个人时，你希望能够影响他对你的产品、你的想法或你的事业的看法。你希望他支持还是反对？保持忠诚还是表里不一？畅所欲言还是沉默不语？这就是神经科学发挥作用的地方——它为我们的大脑如何理解语言提供了新的见解。为什么情绪比理智更能影响我们的决定？当我们想要传达自己的想法时，为什么故事情节胜过数据事实？为什么听比说更能影响他人？

如今，神经科学是发展最快的科学研究领域之一。功能性磁共振成像（fMRI）、脑电图（EEG）和化学神经成像［正电子发射断层扫描（PET）］等新技术的发展推动了这一领域的发展，以测量不同条件下大脑活动的变化。这些新技术帮助科学家绘制大脑的隐藏结构，并研究当神经元集群激发和交流时，大脑中到底发生了什么。但是，神经科学并不只研究我们大脑中的灰质，它是一个丰富的知识领域，包括化学、计算机科学、语言学、数学、哲学、物理学和心理学。

虽然脑科学开始于对单个大脑的研究，但它现在已经扩展到研究两个身体中的两个大脑如何在其神经生物学水平上相互作用和影响。这意味着我们的情绪、语言，甚至我们的思想都能影响他人的大脑状态，不管好的影响还是坏的影响。如果人们以前认为大脑是一个单一的、离散的、个人的实体，那么我们现在有理由怀疑它可能更像是一个庞大复杂网络中的节点。我们的大脑状态不仅影响我们自己，还影响他人。这个想法并不一定是新的，因为它是心理动力学理论家（如弗洛伊德）和那些追随他的人所提出的核心观点。新的是，神经科学数据开始帮助我们理解这些效应的潜在机制。那么，神经科学与更有影响力有什么关系呢？关于如何更好地与他人沟通，它能教会我们什么？

在这一章中，我们将看到神经科学领域的一些最新发现，以及它们在语言、交流、人际关系和影响他人方面的应用。这本书将帮助你建立个人影响力的工具箱。每一章都汇集了神经科学领域的最新研究成果，并描绘了一幅我们在与他人交流和联系时大脑内部的活动画面。这本书旨在为个人、商务人员、企业家和领导者提供简单实用的工具，以便更好地与他人沟通并影响他人，同时提供一些脑科学“干货”，来解释为什么许多软技能才是真正具有影响力的。

作为一名拥有多年经验的企业沟通者，我越来越意识到，尽管我的工作涉及生产信息，但这些信息大部分都是行业术语，让人很难理解，更不太可能用它们激励到员工、客户或公众。一般来说，企业中的沟通更多体现的是左脑思维，大型企业更是如此。这些人更多地运用智商而不是情商，认为事实和逻辑比令人信服的故事更打动人，领导者的价值在于用他们的头脑而不是他们的心。在沟通风格和方式上，许多高层领导者与那些偏向于简洁、连贯和善于讲故事的沟通者之间存在不小的差距。这就是神经科学的作用所在，它解释了为什么情感、故事和共情更有可能与受众的大脑对话，从而激发、激励和影响他人。图 1-2 显示了两种不同的思维方式，以及它们与左脑和右脑的功能之间的关系。

左脑	右脑
科学、逻辑、数学	空间知觉
理性	基于幻想
证据	故事和比喻
文字与语言	欣赏
认知	比喻、符号语言
信息	哲学和宗教
基于细节	冲动
客观规律	冒险
现在和过去	空间感知
模式感知	符号和图像
基于现实	想象力

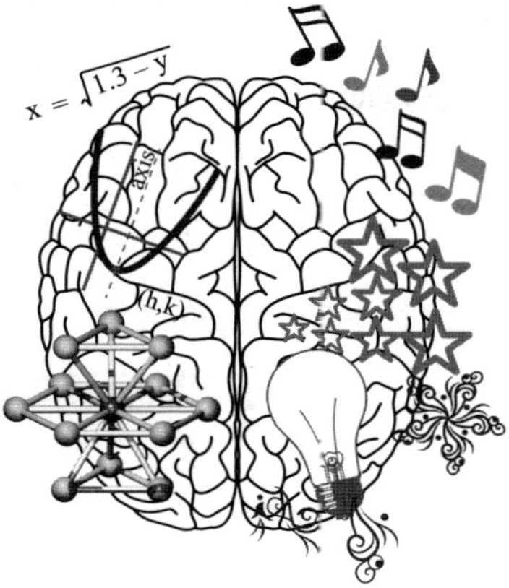

图 1-2　通过匹配对方的偏好来产生影响

我们可以通过图 1-2 中的内容来思考如何在不同的组织文化或环境中影响不同偏好的人。匹配偏好和“说同一种语言”非常重要，这在个人层面以及组织文化层面都非常有效。在与首席执行官谈论讲故事和情商的力量时，你可以使用神经科学的语言来构建你的推理。如果你是一个右脑思考者，就需要加强你表达的灵活性，并去适应你想要说服的人的表达风格。

影响力的第 2 条规则

想要影响他人，就要让他人的头脑和思想都参与进来，你要做到事实与智慧并举，要分享你的情感并讲述故事。在商业活动中，我们经常希望通过传递信息来说服他人，但想要真正影响他人，最好能善于讲述富有启发性的故事。

什么驱动着我们：战斗还是逃跑

人类被两股强大的力量所驱使：一种推我们向前，获得利益；另一种是拉我们后退，回避伤害。我们有趋利避害的强烈倾向。这两个核心动机是大脑最原始的生存机制，并被编码到我们的生理学和神经学中。从广义上讲，来自动物和人类研究的工作表明，大脑的左半球支持接近行为，而右半球更关注远离行为。接近和远离行为是在不同的大脑半球处理的，因此多种接近和远离行为可以同时协调，不会相互干扰。这两个半球的处理过程发生在多个层面上，其中一些是有意识的，另一些由于发生得太快以至于我们没有意识到。我们是选择接近还是远离似乎与个体差异（性格特征）有关，这分别与大脑前额左侧和右侧的叶皮层横向区域的活动有关（见图 1-3）。

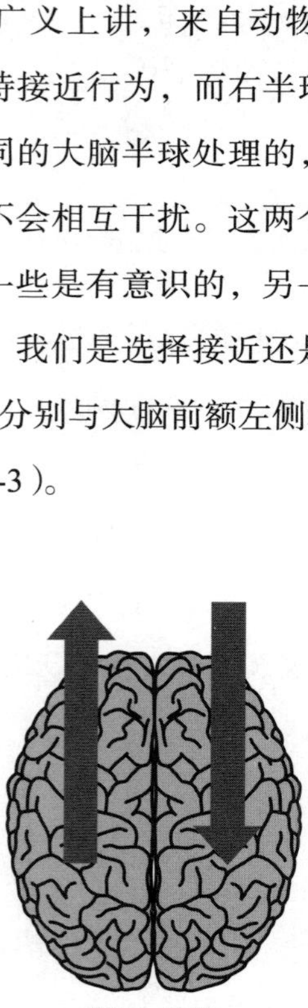

图 1–3　大脑指挥的接近或远离行为

大脑的边缘系统（有时候也被称为爬行动物的大脑）位于脊柱的顶部。从这里，它可以通过运动神经元迅速向脊柱发送信号，以此指挥我们的行动。在边缘系统中有杏仁核，这是一个由多个核团（神经元集群）组成的杏仁状结构，是大脑的预警系统（见图 1-4）。

右侧杏仁核能警示我们潜在的威胁，而左侧杏仁核更关注持续的威胁刺激（对威胁产生持续的反应）。当面临紧急情况时，底层系统就会发挥作用。它能协调一系列指令，帮助我们在还未完全意识到危险的时候就脱离危险。在枕叶的视觉皮层有时间处理我们所看到的东西之前，运动皮层中的神经元会首先快速反应，帮助我们逃离危险，所以它比视觉反应更快。

杏仁核还会释放大量压力荷尔蒙——肾上腺素（短期或急性威胁）和皮质醇（长期威胁），为我们的行动做好准备。在急性应激状态下，交感神经系统通过激素（包括肾上腺素）的突然释放而被激活，导致心率加快、呼吸加速、出汗和血流加快，为行动（战斗 / 逃跑）做准备。这就是为什么当我们感到压力和恐慌时，会觉得我们要死了，因为大脑的这一原始部分被激活了（这时已经难以分辨威胁的真伪了）。

在现代社会，战斗 / 逃跑反应还是经常被不适当地触发，特别是在长期压力下。虽然我们不再需要击退捕食者，但我们确实继续经历着社会威胁，就像我们面对剑齿虎一样。

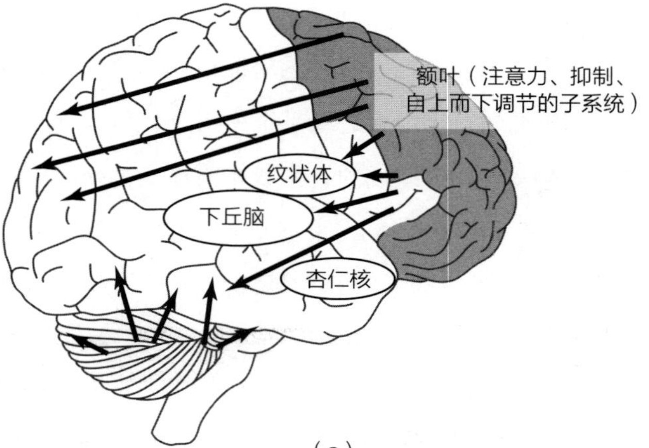

（a）

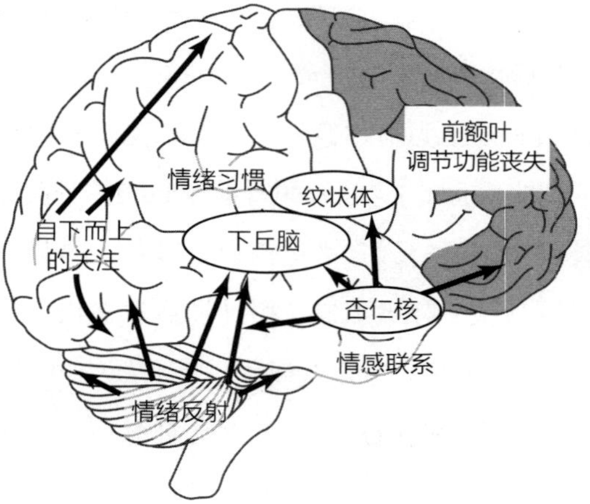

（b）

图 1-4（a）额叶皮层区域（细分为不同的皮层）是人类进行推理、制订计划以及自上而下进行思考和注意力引导的区域。当额叶皮层工作良好时，我们能够调节情绪，并将注意力集中在手头的任务上。图 1-4（b）处于压力下的大脑。当边缘系统抢占注意力时，前额叶的功能会减弱。下丘脑、纹状体和杏仁核会被激活，使身体为战斗或逃跑做好准备。

以下是触发“战斗 / 逃跑”反应的一些常见威胁。

- 必须满足不切实际的最后期限；
- 缺乏尊重；
- 受到不公平待遇；
- 不被赏识；
- 感觉自己没有被倾听。

如果我们在工作中持续受到消极的影响，我们的创造力、解决问题的能力和决策能力都会降低，这就是为什么管理者和领导者帮助管理员工的大脑状态是如此重要。人体不可能长时间处于这种亢奋状态，很快副交感神经系统就会被激活，使我们回到更放松的状态。在这种状态下，创造力、解决问题的能力和决策能力将得到恢复。我们的战斗 / 逃跑反应是我们所能体验到的最原始、最强劲的情感触发器，它能推翻我们的理性思考。

| 案例研究 |

美国科学家艾德里安·雷恩（Adrian Raine）在他的犯罪行为课上建议学生，当他们发现公寓里有小偷时应该假装睡着，因为 90% 的小偷拿了东西以后就会离开。艾德里安和女友在土耳其度假时，半夜醒来发现卧室里有一名小偷，于是他验证了自己的建议。艾德里安说：“来自感官的信息到达杏仁核的速度是到达额叶速度的两倍。因此，在我的额叶皮层能够控制杏仁核的攻击性反应之前，我已经对小偷做出了威胁的举动，这反过来又立即激活了小偷的战斗/逃跑反应。对我来说不幸的是，他的战斗本能爆发了。他狠狠地打我的头，我看到一道白光在我眼前闪过。”

尽管艾德里安多年来一直向他的学生提出这种理性的建议，但他原始的边缘系统在一瞬间打败了理性思维。

驱动行为的七种核心情绪

情绪是大脑指引我们进退的快捷方式。尽管大脑会把经验编码为“好”“坏”或“中性”，但无论文化背景如何，人类都普遍认可七种核心情绪。它们是快乐、悲伤、恐惧、愤怒、厌恶、轻蔑和惊讶（见图 1-5）。这些核心情绪构成了我们从远古时期的狩猎采集者到现代网络冲浪者进化之旅的基础，并引领我们“接近”或“远离”环境中的某些东西。悲伤、恐惧、厌恶和轻蔑都是“远离”情绪，而愤怒既可以让我们远离（退缩或阻挠）也可以让我们接近（攻击、批评和嘲笑）。

图 1-5　核心情绪激励因素

神经学家埃维昂·戈登（Evian Gordon）在 2000 年出版的《综合神经科学》（*Integrative Neuroscience*）一书中说，大脑的组织原则是将危险最小化，将回报最大化。这意味着我们经历的每件事都带有一个情感“标签”，要么是好的（接近），要么是坏的（远离）。快乐是我们唯一真正的“接近”情绪，而惊讶的情绪是一种短暂的、过渡的情绪，直到我们判断出惊讶是否令人愉快的那一刻。惊讶可能被认为是一种情绪上的“停顿”，因为我们会收集更多的信息来判断这是愉快的还是不愉快的。基于此，当我们考虑影响力时，无论我们是想推销产品或服务，推广一种想法或社会运动，还是激励人们支持变革，都需要清楚它将如何让受众更接近他们想要的东西，同时避免他们不想要的东西。

每当你希望通过沟通来说服他人时，你都需要意识到这两个主要动机。实际上，现实生活中广告商也一直在使用这两个主要动机，比如销售汽车（接近：自由、独立、舒适）以及口气清新剂（远离：社会排斥）。

脑回路的思维方式是什么？

在生理设计上，更多的大脑回路用来检测威胁，而不是检测奖励。因此，我们倾向于关注更消极的取向，因为如果我们错过了一个威胁，我们可能会死，而如果我们错过了更积极的东西，则不会带来什么恶果。了解这一点非常重要。下面的表格给出了一些原因分析，如果我们不清楚人们是怎么想的，我们就无法说服他人。

“接近”消息	造成了“远离”
一位首席执行官宣布了一项重大变革，希望通过传达乐观、积极的信息得到所有人的支持和认同	变革被视为一种威胁，员工对公告的反应是情绪化的“远离”。此时演讲者和听众之间的联系被切断了
你希望老板支持你的创新项目，所以把所有注意力都放在了好的信息上	你无法说服你的老板，因为你没有考虑到如何管理风险，以及为什么你的项目应该优先于其他项目

情绪的科学

大多数人都愿意相信，我们的决定是基于我们权衡逻辑和事实的能力。我们对自己的选择进行了理性思考。很少有人愿意相信我们受情绪的支配。自从笛卡尔提出“我思故我在”这句名言以来，理智的作用就得到了尊重和提升，而情绪往往被视为做选择时不太可靠的因素。但在过去的 20 年里，神经科学家一直在研究情绪在我们决定购买什么、投票给谁以及其他选择中所起的作用。他们发现，许多我们认为是基于“理性”思维的决定，实际上往往是由无意识的情绪反应所驱动的。

安东尼奥·达马西奥（Antonio Damasio）的著作《笛卡尔的错误》（*Descartes*，*Error*）探讨了情绪在我们有效推理能力中所起的作用。达马西奥的研究重点是对大脑中影响决策和情绪的部分受损的患者的研究。在他最著名的一项实验中，达马西奥的研究对象名叫埃利奥特，这位病人的额叶受损，影响了他的情感中心，但他的智力完好无损。达马西奥说：“埃利奥特的智商（IQ）处于较高的范围。感知能力、记忆力、短期记忆力、学习能力、语言和算术能力是完整的……这位在其他方面健康而聪明的人的悲剧在于，他既不愚蠢也不无知，但他却常常表现得好像很愚蠢。他的决策机制是如此有缺陷，以至于他再也不能成为一个有效的社会存在……”

达马西奥是最早探索与情绪能力相关的大脑区域的神经科学家之一，他还探索了情绪在我们的决策中所起的作用，以及情绪对我们的影响。他的工作表明，为了在生活中做出有效的决定，我们需要关注情绪。

自《笛卡尔的错误》发表以来，世界各地的实验室开始将注意力转向情绪对一系列研究的影响，以便更多地了解人类行为。正是这项研究帮助我们理解了情绪在说服和影响他人中所起的作用。回想一下你最近做出的一些重要决定，然后完成下面的练习。

| 练习 |

想想你去年做过的三个重要决定。

1. 你是根据什么标准来做决定的?
2. 理性和感性投入之间的平衡是什么?
3. 你有没有抛开强烈的情绪，仅仅根据理智来选择东西（也许是你买得起的东西，而不是真正喜欢的东西）?

负责驱动情绪和智力的部分在大脑中处于什么位置? 2003 年鲁文·贝奥尼托（Reuven Bar-On）等人的一项研究《探索情绪和社会智力的神经学基础》（*Exploring the Neurology Substrate of Emotional and Social Intelligence*）确定了控制自我意识、情绪和移情的特定大脑中心：位于中脑的杏仁核是情绪的神经枢纽；体感皮层帮助我们与他人产生共鸣；岛叶皮层让我们意识到自己的身体状态，从而帮助我们调整自己。

前扣带皮层帮助我们控制冲动和处理强烈的情绪，前额叶皮层是我们大脑的执行中心，帮助我们解决人际问题，表达我们的感受和与他人的联系。图 1-6 对此进行了说明。

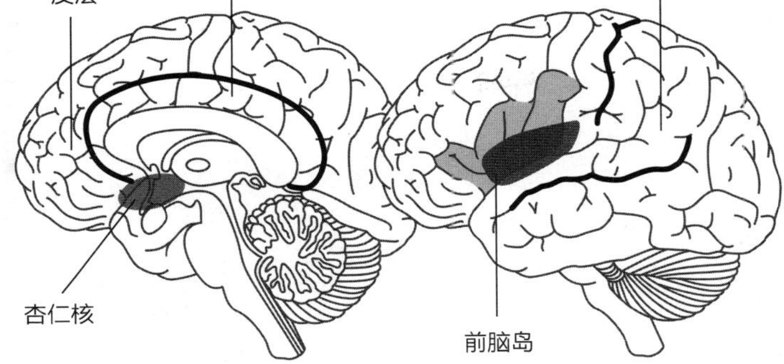

图 1-6　社会脑的区域。关键区域包括杏仁核、前扣带皮层、内侧前额叶皮层、前脑岛和颞顶接点。这些区域共同帮助我们理解世界，理解他人的思想、情感和行为。

情绪是会传染的

在一项实验中，科学家们让两个人安静地坐在一个房间里。两名参与者没有说话，但在短短两分钟内，善于表达情绪的那个人成功地将自己的情绪传达给了另一个人。人可以通过大脑中的化学神经递质相互传递情绪。我们已经发展出一种非凡的能力，能够在我们没有意识到的情况下，捕捉到他人微妙的情感暗示和感受。所以说，情绪是会传染的。

巴萨德（Barsade）在 2002 年进行的一项研究表明，当一名受过训练的、知道如何操纵他人精力和情绪的专业人士与商学院本科生一起进行无领导小组讨论时，这名专业人士能够影响小组动态，这表明情绪传染可以发生在群体中，我们每个人都是“行走的情绪诱导者”，不断影响他人的情绪、判断和行为。

巴萨德模型（见图 1-7）显示了团队成员的能量和效价如何在团队其他成员的意识和潜意识水平上发挥作用，从而影响团队中发生的事情。

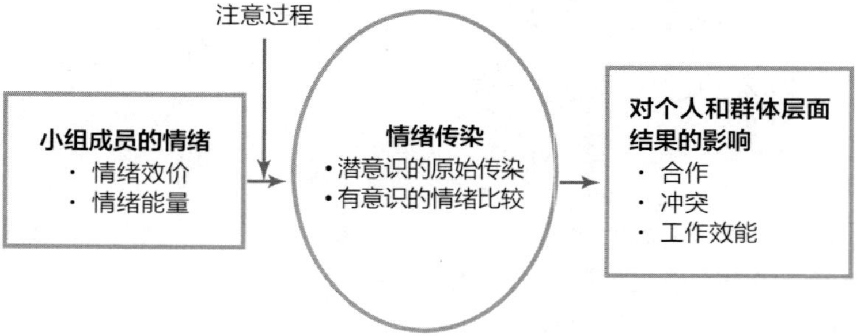

图 1-7　群体情绪传染模型

关于情绪传染的研究表明，当你做重要的演讲时，你自己的情绪状态是多么重要，领导者可以在困难时期扭转员工的情绪，管理者可以通过管理自己的情绪状态来提高团队绩效。在演讲之前，准备我们的情绪状态和准备我们的演讲内容一样重要。

影响力的第 3 条规则

情绪的影响力在智力之上，如果我们想要影响他人，我们首先需要引导他们的情绪，因为它是我们生存进化动力中的首要动机系统。

理解他人：镜像神经元

除了上面提到的这些，事实上，更重要的是要了解你所交流的对象，无论是你想向其推销创意的个人、你的团队、你的老板，还是你的目标客户。这也关系到你与他人建立融洽关系、同理心和联系的能力。在过去的 20 年里，神经科学一直在研究我们的镜像神经元系统在我们“读懂”他人、理解他人的意图和本能地感受他人情绪的能力中所起的作用。当我们想要建立关系、同理心和融洽关系时，管理情绪和准备情绪状态与准备所要交流的内容同样重要。

大脑的可塑性

在 20 世纪的大部分时间里，我们认为大脑在经过童年的关键发育期之后是不可改变的，但神经科学现在表明，大脑可以在我们的一生中持续发生变化。大脑的物理结构和生理机能可以因我们的经历而改变。每当我们习得一项新技能，每当我们改变我们的思维、习惯和反应，我们就会建立新的神经通路。学习如何影响他人的技能就像学习其他任何新技能一样。无论你想成为一个更自信的演讲者，一个更有创造力的作家，还是一个更鼓舞人心的企业或社区的领导者，都是可以实现的。

关于如何打造你的影响力，本书介绍了一些练习，你可以把这些练习作为日常习惯的一部分，以帮助你磨炼你的影响力。

视觉化的力量：设定你的目标

根据研究，当我们设定一个目标时，我们的大脑会产生一个图像，就好像我们已经完成了这个目标，因为大脑无法区分实际发生的事情和未来要发生的事情。但你很快就会发现，设定目标很容易，当我们面对挫折和挑战时保持对目标的专注就不那么容易了。很快我们就会开始经历自我怀疑和焦虑，除非我们能处理好这些，否则它们很快就会演变成全面的恐惧。恐惧通过关闭我们的执行功能和将我们的注意力集中在一个狭窄的领域来影响我们的大脑，劝我们远离那些威胁我们的东西。恐惧会熄灭我们的创造力和想象力，阻碍我们解决问题。因此，实现目标的最大障碍是你内心的恐惧，而不是挑战或挫折本身，但这些都是可以克服的。通过了解恐惧影响大脑的方式可以找到应对措施。例如，我们可以做一些练习来帮助我们保持专注，并按原计划实现我们的目标，用心灵的力量走出成功之路。

| 案例研究 |

对心理视觉化力量的早期研究始于体育运动，其中最著名的实验之一是由一位俄罗斯科学家进行的。实验中他与三组不同的奥林匹克运动员合作，以找出心理因素能否提高身体的表现，如果可以，心理和身体训练之间的最佳平衡是什么。第一组运动员被要求将 100% 的时间用于体能训练；第二组将 75% 的时间用于体能训练，25% 用于心理视觉化训练；

第三组将50%的训练时间用于心理视觉化训练，50%用于体能训练；第四组将75%的时间用于心理视觉化训练，25%的时间用于体能训练。结果显示，第四组运动员表现最好。

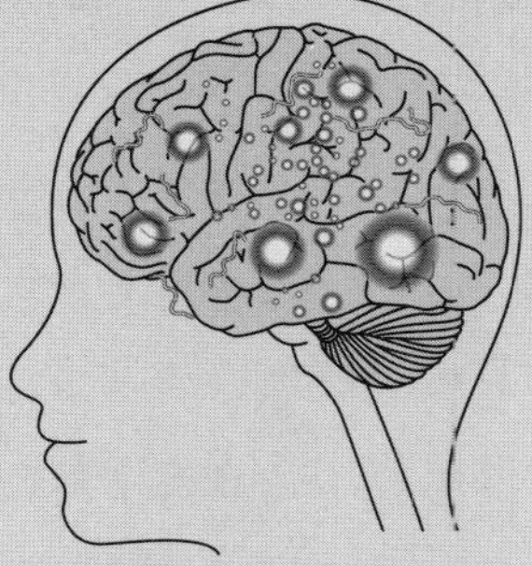

运用自身意志取得成功

自早期研究以来，心理视觉化已成为许多运动员的标准做法。就在最近，英格兰足球队前锋鲁尼在接受采访时表示："我的部分准备工作是去确认我上场时应该穿什么颜色的衣服。然后我在比赛前一晚躺在床上，想象自己进球或者做得很好。你试着把自己放在那个时刻，试着让自己做好准备，在比赛前有一个'记忆'。"

行动中的影响力

影响力实际上并不是一个具象的事物，而是由不同的技能组合而成的，例如清晰而简洁地表达你想说的话，以自信的方式传递你的信息，使用有说服力的语言，以及当事情不按照你想要的方式发展时能够适应并调整。了解这些将有助于明确你想要提高的具体技能，以及在什么情况下你想要更有影响力。是和你的老板或同事一起工作时吗？作为一名经理，你需要对你的团队更有影响力吗？你是否希望能够向新客户推销你的创意？或者你需要为一个新项目寻求资金吗？花点时间安静地坐下来，写下以下问题的答案：

- 你想影响谁？
- 更具影响力将如何改变你的个人或职业生活？
- 你希望在哪些情况下更具影响力？
- 在哪些情况下你已经具有影响力？
- 如何将你已经驾轻就熟的能力迁移到新的环境中？
- 一旦你有了更大的影响力，它会为你做什么？
- 是什么阻止你现在变得更有影响力？
- 如果你可以拥有三种新技能来帮助你更具影响力，你想要哪三种？
- 在这三种技能中，哪一种会给你带来最大的好处？
- 在发展影响力技能的过程中，你需要做什么才能保持一直行走在正确的轨道上？

一旦你设定了目标，就需要想办法实现目标。许多想法会在头脑中创造图像，启动神经和化学反应。当你想到那些令人心烦意乱的事情时，你的身体会产生非常不同的情绪和生理反应，而当你的想法积极向上时，你的身体又会产生另一种非常不同的情绪和生理反应。我们的大脑有这么一种习惯，一个想法很快就会导致下一个想法，由此产生“主题”连锁反应——你很容易发现自己走上了非常不同的情感道路，这取决于你对某件事的看法。当我们经历挫折时，我们内心的批评者会迅速做出判断：“我知道大家不会喜欢我”；“我不够聪明，不够有经验，也不够好。”在我们意识到这一点之前，我们的边缘大脑就开始做出反应，启动“战斗 / 逃跑”或“冻结”反应。在这种反应下，我们变得具有防御性，我们想要逃跑并避免这种情况，或者深陷困顿和焦虑。不用担心，了解我们的大脑如何工作可以帮助我们找到处理这些反应的方法。

视觉化想象刺激大脑释放出一种叫作多巴胺的神经递质，它是大脑奖励系统的一部分，让我们感觉良好。多巴胺会刺激我们前行的动机，因此我们需要将其稳定在一定剂量，以便在遇到挑战时能应对自如。每当我们设定一个令人信服的目标时，我们的大脑就会释放一定的多巴胺。所以就像成功的运动员一样，让精神想象成为你准备工作的一部分会帮助你实现目标——每一步都重新想象、重新激活和重建你的目标——我们练习得越多，这个目标就越多地进入我们的大脑回路。

当你专注于你的目标时，使用文字、图片、感觉或声音来给你的大脑一个丰富的内部体验。记住脑科学的黄金法则。多巴胺帮助你保持在正确的轨道上，并给你一个积极的情绪刺激。

以下是一些日常练习方法，你可以尝试一下，看看什么最适合你。

- **每日日记：**在每天早晨或晚上，花五分钟写下你的目标。

记下你那天所做的每一件事，让你离目标更近一步。如果你有过消极的想法或情绪，把它们写下来。这些想法来自保护我们自身安全的愿望。以同情之心对待它们，并承认它们是整个过程的重要组成部分。这些情绪源于我们自己。

- **心理视觉化：** 在一个安静的环境中，花一些时间想象自己处于你想要更有影响力的环境中。你能看到你自己的全彩 3D 影像，注意你的穿着，感受伴随着你的想象而来的积极和强大的情绪。如果你正准备在听众面前做报告、演讲或站在他们面前，那么就想象一下，自己正站在他们面前，看着他们认可你、感谢你、赞美你。如果你刚开始做生意，想象一下你从一个重要客户那里拿到了第一个大订单。如果你要去找一份新工作，或者想向你的老板推销新项目，想象一下看到他们对你微笑，感谢你的好主意。在想象中，请让你的图像变得生动、多彩和感性。
- **听觉目标设定：** 有些人非常容易受到“听觉”上的影响，并深深地被声音所吸引。如果你是这样的人，可以选择一个对你意义非凡的词或句子。把它写下来，每天朗读。你还可以想象当自己实现目标时，会想播放的那首能带来强大而积极的情感和心理联想的歌曲。
- **动觉：** 当你成为“有影响力的自我”时，选择你想要体验的情绪，并深入其中，注意它们的色调、形态或风格。把情感包裹在你身上，就像它是一件温暖柔软的外套。找到一个你可以用来提醒自己每次触摸目标的实物。把它放在口袋里，拿在手里，闭上眼睛，想象自己实现了目标。我们的大脑在不同的区域记录图像、声音和感觉，我们每个人都有不同的偏好，哪种感觉对我们来说是最有吸引力的——为你的目标建立丰富的多感官体验，这样你就可以在大脑的所有区域建立广泛、深入和持久的神经联系和路径。

- **清晨便签：**朱莉娅·卡梅隆（Julia Cameron）在 1994 年出版的《艺术家之路》（*The Artist s Way*）一书中建议每天写清晨便签。"这么多年来，我一直断断续续地使用这种做法，我发现它能帮助我保持在正确的轨道上，找出阻碍我前进的原因，并帮助我找到方法来应对挑战。"

  以下是说明：

  每天早上，在三页纸上写下你脑海中出现的任何东西，可以是深刻的见解，也可以是购物清单。你可以写下你的梦想、回忆、假期计划、烦恼、琐碎的抱怨——任何进入你脑海的事情。不要评判，只是持续地写。因为这并不关乎仔细思考和计划，而是要让它从你的头脑中流到纸面上。清晨便签对你的帮助会超出你的想象，尝试一个月，看看会发生什么。

- **每日散步：**每日散步有点像清晨便签。当我们在头脑中迎接挑战时，会有一些特别的事情发生。要想驱散他们，去散步吧！这是我推荐的另一种做法，特别是当你处于压力之下时。每日散步被证明可以提高我们的自尊、情绪和睡眠质量，甚至让我们变得更有创造力。

大脑规则

1. **大脑可塑性：**我们的日常行为和思维习惯有助于塑造大脑的神经通路。
2. **镜像神经元：**我们有一种独特的能力，通过我们的镜像神经元系统来理解他人并与他人建立联系。关注他人，用你的情绪来建立共鸣和和谐。
3. **练习：**让大脑为最佳表现做好准备。
4. **视觉化：**大脑无法区分现实与想象。心灵的力量可以在成功的路上为你助力。

重要提示

1. 明确你的意图——你想在哪些情况下更具影响力？
2. 学习那些对你最有用的技能。
3. 经常练习。
4. 冷静地利用成功和失败来磨炼你的技能并重新设定你的练习。

第二章

如何影响不同性格的人

如果这世界上有一个成功的秘诀，那就是能够理解他人，并能从他人的角度和自己的角度看问题。

——亨利·福特

本章将讲述如何通过理解不同性格类型的人来影响他人，情绪对影响力的作用，以及如何通过人际关系来影响他人。

- 通过理解他人，促进自我成长
- 同一个世界，不同的观点：关于元程序
- 如何通过情绪状态来影响他人
- 如果我了解你，我就可以影响你
- 镜像神经元：我们的双向镜子
- 调整你的情绪意识
- 情绪如何驱动行为
- 关注他人

通过理解他人，促进自我成长

盲人摸象的故事想必大家都知道。

一个村庄里的六个盲人被其他村民告知有一头大象来到镇上。他们不知道什么是大象，但他们对彼此说："即使我们看不见，我们仍然可以去体验大象。"于是他们开始触摸大象身体的不同部位。

"嘿，大象像一根柱子。"摸到大象腿的人说。

"哦，不！它像一根绳子。"摸到大象尾巴的人说。

"哦，不！它像一根粗大的树枝，"摸到大象鼻子的人说。

"它像一把大扇子。"摸到大象耳朵的人说。

"它像一堵巨大的墙。"摸到大象肚子的人说。

"它像一根坚硬的管子。"摸到象牙的人说。

有远见的智者告诉这几个盲人：他们都是对的，也都是错的。他们每个人都只感受到大象的一部分，但他们加在一起感受到了整个大象。

这个故事被不同文化背景下的无数代人讲述，以陈述一个简单的事实。我们每个人都从自己的角度看世界。作为孩子，我们在家庭、学校和社会团体中开始建立我们的世界观，因为我们像呼吸空气一样毫不费力地接受了这些有影响力的核心价值观、信仰和态度。但问题是，当我们想要影响"不像我们"的人时（这种情况经常发生），我们的盲点可能会导致对他人的评判，并阻止我们施展真正的影响力，即从他人的角度看世界的能力，也妨碍相互尊重和融洽关系的建立。那么，当我们准备与我们想要影响的人进行沟通或会面时，我们可以使用哪些工具呢？在人际交往中获得影响力的诀窍是什么呢？

通过人际关系影响他人的第 1 条规则

从他人的角度看世界。

同一个世界，不同的观点：关于元程序

我们每个人都有自己过滤信息的心理路径，以此引导我们的注意力，并进一步做出决定。这些惯用的心理路径被称为元程序，因为它们是无意识的认知习惯，影响着我们的沟通方式和动机。

元程序是以下问题的关键：

- 我们喜欢的交流方式。
- 我们的决策策略。
- 什么促使我们采取行动。

你可以使用元程序来优化你的沟通能力，并进一步影响他人。例如，每个人都有自己的策略去做决定和选择。一个人可能会花

几周的时间去研究旅行的选址、价格和当地景点，以便度过一个美好的年假，而另一个人可能会心血来潮地选择一个假期方案，并且好奇会发生什么。就元程序而言，第一个人是根据元程序的流程作出决定，而第二个人则是根据元程序的选项作出决定。

| 练习 |

为了更好地理解元程序，问自己以下问题：

1. 你的喜好是什么？
2. 在不同的环境中，你的喜好是否会发生变化？
3. 你有没有因为性格差异而与他人发生过冲突？
4. 如何回应与你个性不同的人？你会认为他们是“错的”吗？
5. 跟与你相似的人在一起，感觉如何？

动力：接近或远离

有些人更多地被他们想接近的东西驱动，另一些人则更多地被他们想远离的东西所驱动。

被“接近”所驱动的人通常以目标和未来为中心——总是积极地向前看他们想要实现的目标。被“远离”所驱动的人们希望避免疼痛和降低风险。他们倾向于关注他们不想要的和他们想要避免的。他们重视安全和保障。虽然我们都有动力去避免痛苦，走向快乐，但我们每个人的“设定点”都略有不同。企业家和冒险家倾向于被“接近”所驱动。而那些重视安全和确定性的人往往被“远离”所驱动。企业向消费者销售他们的产品和服务，而政客向选民传递的信息既有积极的也有消极的。耐克（Nike）的口号“想做就做”（Just Do It）是一条“接近”型信息，而“紧缩”和“失业”的政治信息则是一条“远离”信息。这两种动力在行动、认知和情感层面都会起到一定影响。

说服“接近”型人的技巧：

1. 谈论你提供的积极情绪（幸福、成功、成就、爱）。
2. 对于他人已有的东西，你的提议将如何带给他更多？
3. 你的提议将如何改善一些东西？
4. 你的提议将如何带来一些东西？
5. 你的提议将帮助他人实现哪些未来的新可能性？

说服“远离”型人的技巧：

1. 这有助于避免哪些负面情绪？（痛苦、悲伤、难过）
2. 它如何减少人们不喜欢的东西？（危险、质量差、性能差）
3. 你的提议可以保护什么？（传统、安全、确定、一致）
4. 它如何降低风险？（耗时更少，耗资更少，错误更少）
5. 它如何带来确定性和安全感？

沟通：宏观还是细节

有些人喜欢在宏观层面进行沟通，而有些人则需要看到“细节”才能做出决定。比如，大多数首席执行官都是一个宏观思考者，所以在你介绍细节之前，你需要先给他一个整体的全局介绍；而财务总监可能更喜欢在确信你的想法之前了解具体细节，除非你在细节方面做好了充分的准备，否则他会把你打发走。另一方面，首席执行官可能更愿意给他们直觉上认为可行的好主意开绿灯，并乐意让你随着时间的推移落实好细节。基于此，你需要定位你的产品和展示信息，以符合受众的偏好风格。

宏观销售技巧：

1. 开门见山、简明扼要地阐述自己的观点。

2. 说清这将如何让对方达到最终目标？在单页上呈现信息，并牢记最终目标。

3. 使用能呈现优势的图表、图像和摘要。

4. 讲述所能带来的好处以及这将帮助他们实现什么。从大局出发，然后根据需要跟进细节。

细节说服技巧：

1. 以事实、数字和逻辑为导向。使用详细的报告、背景信息和研究来增强说服力。细节能给人以保证和安全感，让人觉得你完全能掌控这些信息。

2. 请记住，这种表述方式通常与“远离”方案联系在一起，旨在避免风险并增加确定性。

3. 从细节开始介绍，然后在最后用宏观描述进行总结。

从广义上讲，整体处理涉及大脑的右半球，而串行处理涉及更喜欢细节的大脑左半球（见图 2-1）。整体处理使我们能够快速扫描全部信息，以获得要点，而串行处理则按一定的顺序系统地扫描信息，然后构建一个整体画面。

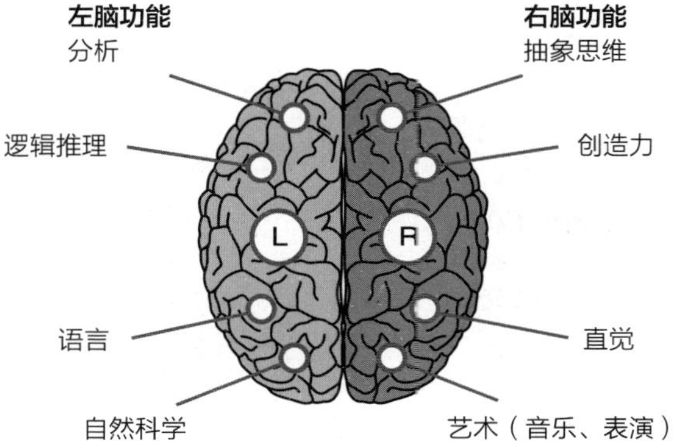

图 2-1　根据受众喜欢的风格呈现信息

决策制定：外部决策还是内部决策

有些人在做决策时非常独立，很少征求他人的意见或建议。他们不会从他人那里寻求反馈，因为他们知道自己什么时候做得好（或不好）。这些人做决策所采取的方式是内部参考。然而，另一些人则倾向于寻求反馈、意见和建议，在做出决定之前往往征求他人的意见。这些人做决策所采取的方式是外部决策。如果你是一名采取内部决策方式的经理，但你的团队中也有习惯于外部决策的人，那么你的反馈和认可将非常重要，因为这会给他们归属感和动力。

说服外部决策者的技巧：

1. 提供他人对你的服务或产品的参考、反馈和评价。
2. 假设你面对的这个人在做决定之前需要与其他人商量。
3. 提供详细信息，以便他们向他人进行咨询。

说服内部决策者的技巧：

1. 避免使用其他人的推荐信（必要时保密）。
2. 清楚地表达你的想法，让对方知道你明白这是他们的决定。
3. 你可以在交谈结束时这样说："只有你才能决定什么对你或你的组织最好。"

决策制定：随机应变还是按部就班

有些人喜欢在做决定之前看到各种选择，而另一些人则希望按流程办事。比如，当人们去度假的时候，有些人喜欢"见机行事"，来到一个新的地方，没有固定的日程或计划，而另一些人可能有详细的行程，会提前几个月预订住宿，并希望坚持既定的日程。如果这两种风格的人一起度假，就会陷入无尽的争执。

说服随机应变者的技巧：

1. 在你的建议书或报价中，至少要有三个选项。

2. 将你的建议模块化，以便人们可以选择不同的组合。

3. 面对各种选择时可以这样表述："这个解决方案可能是最好的，但让我们看看其他几个选择。"或者"我们可以用不同的方式来解决这个问题。"或者"我们将确保在前进的道路上审查进展情况，以便我们能够适应并包括更多的选择。"

4. 在你的产品中提供更大的灵活性。

5. 询问他们的意见以及他们希望更改或添加的内容。

说服按部就班者的技巧：

1. 为你的提议制定一个合乎逻辑、循序渐进的实现方法。

2. 展示你是如何得出这个结论的。

3. 提出一个时间表或计划，使得你的提议看上去更严谨、结构更完整。

4. 清楚接下来会发生什么，明晰如何开展工作以及如何处理遇到的问题。

说服：以任务为重还是以关系为重

有些人更关注手头的任务，而另一些人则关注人与人之间的关系。首席执行官和高层领导在会议或演讲中通常非常专注于任务，往往很少花时间建立和培养关系。如果想让这类人接受你的想法，请正式一点，不要太健谈或太热情。另一方面，如果你和一个重视关系而不是任务的人一起参加会议，而你没有花时间闲聊并顾及社交礼仪，他人可能会觉得你唐突和粗鲁（在这种情况下，你高度专注于任务，而他们想在决定是否接受你的想法之前了解你这个人）。如果你更多地关注关系，遇到专注于任务的人，你可能会觉得他们对你的话不感兴趣，不礼貌。

说服重视任务者的技巧：

1. 开门见山，紧扣你的主题。
2. 避免闲聊，言简意赅，明确所有后续步骤和后续行动。
3. 确保你准时到达并做好充分准备。

说服重视关系者的技巧：

1. 准备好让对方更多地主导这段关系。
2. 做好心理准备，接受他们的闲聊或问你一些个人问题。
3. 对他们的背景做一些研究，这样你就可以与他们建立更多的个人联系。

案例研究

凯文（Kevin）花了几周时间精心准备与高级主管保罗（Paul）的一小时会面，以期获得继续进行一个大项目的批准。凯文撰写了一份 30 页的报告，其中包括研究结果、最佳实践示例、完整预算的财务分析以及全面的 12 个月项目计划。凯文在报告的结尾处设置了四个选项，希望在进入下一阶段之前征求保罗的意见。他提前一周把报告交给保罗，让他有足够的时间消化所有的内容。

到了会面的时候，凯文收到了保罗秘书的一封电子邮件，说他现在必须提前飞往美国，会面只有 30 分钟。凯文一走进保罗的办公室，保罗就说，虽然他没有时间阅读报告，但希望听一下凯文对这份报告的概述和主要建议。

凯文对此完全没有准备，一下子慌乱起来，愤怒和沮丧也开始涌上心头。虽然他花了几个月的时间做研究，但他自己也不确定保罗会支持哪种选择，所以他自己也没有明确的建议。由于没有结论，凯文最终在汇报中陷入了对细节的纠缠，这似乎让保罗感到沮丧。而保罗的这种反应只会增加凯文的压力和焦虑程度。很快，他开始胡扯，感到不知所措。会面的剩余部分进行得并不顺利，保罗在会议结束时同意将会面重新安排在一个月后，届时他将从美国返回。

保罗对凯文的毫无准备感到失望，并开始怀疑他是否是管理这个项目的合适人选。凯文感到泄气、尴尬和愤怒，他不知道自己准备了数周的会面怎么会变得如此糟糕。

我在商业世界中多次看到过这样的故事。事实上，会面双方的立场我都经历过。我们很容易从自己的角度而非他人的角度看世界，而他人可能随时会改变策略、期待其他东西、不阅读我们发送的信息并缩短与我们的会面。凯文的个人风格是看重“细节和关系”，他认为保罗会阅读报告，他们会有一个非正式的会议，以更多地了解彼此，并讨论所有的选择。保罗是看重宏观的任务驱动者，他希望凯文推荐一个解决方案，财务总监将在最终签署前审查该解决方案。

所以，在你与他人交流之前，应该首先站在他人的立场上，找出他们想从你这里得到什么，并调整好自己的表述风格。

关于元程序的总结

记住，元程序没有好坏之分。

——它们（大部分）是关于我们接收信息、做决定和在不同选项之间进行选择的方式的无意识偏好。当我们意识到自己和他人的偏好时，我们可以与他人更好地合作，发挥我们的优势，并确保得到我们想要的结果。

通过人际关系影响他人的第 2 条规则

了解不同的沟通方式、关系价值观和决策策略。

你可以使用元程序来解决以下问题：

- 扩展你对他人偏好的理解。
- 通过调整沟通方式来影响决策。
- 通过匹配决策风格来影响决策。
- 通过匹配的沟通方式来影响决策。

激励风格

利用元程序思考什么能激励对方，然后将你的语言和提议与这种风格相匹配。

- 接近
- 远离

沟通方式

用它来准备你的演讲、演示或书面文件。最好同时提供宏观信息和细节，但你需要决定从哪方面开始。

- 关注宏观
- 关注细节

决策风格

用它来帮助你开展计划和准备，然后通过你的语言和方法来影响决策。

- 内部决策
- 外部决策
- 随机应变
- 按部就班

说服风格

利用这一点与其他人建立融洽的关系，并匹配他们的关系价值。

- 看重任务
- 看重关系

通过元程序影响他人

元程序	行动
接近 激励方式	谈论目标、未来愿景、成就、幸福感、成功、奖励、抱负、前进方向
远离 激励方式	谈论如何避免痛苦和不安全感，管理风险和不确定性，避免损失，你不想要什么，你想远离什么
关注宏观 沟通方式	把握整体、言简意赅、关注未来，讲话多用框架、大标题、要点，最后再介绍细节
关注细节 沟通方式	简要地介绍目标后，迅速提供详细的说明。提供事实、数字、研究、统计数据和图表 关注实现的流程和信息。从大局出发，结果放在最后。提供概要和详细报告

（续）

元程序	行动
外部决策 决策风格	召开一个全体会议，以确保参与决策的每个人都在场。或者告诉对方：一旦你有时间考虑，我就会回来找你 又或者，询问你是否需要与其他人见面或交谈，这将有助于对方做出决定。慢慢来，并为多次迭代做好准备。把他人的评价和反馈纳入决策之中
内部决策 决策风格	在交流中向对方陈述：“只有你才能决定。”避免其依赖他人的意见或反馈。清楚地表明你明白最终的决定是由他个人做出的
关注任务 关系风格	开门见山地说出你的想法。正式一些，避免闲聊或问私人问题。集中精力，组织有序，当这次谈话是唯一的一次机会。让对方多说，偶遇沉默也不必感到尴尬
关注关系 关系风格	让对方引导谈话。在进入正题之前，准备好进行闲聊，并首先关注关系并建立联系。放松，别拘谨，看对方的反应行事。交流很可能会超时，所以如果你没有充足的时间表述，请务必确认你想表达的信息已经传达给对方
随机应变 决策风格	可以这样说：“这里有几个不同的选择，我们可以分别来看看。”准备一个模块化的销售方法，体现出灵活性和创造性。保持开放的心态，准备好与对方进行头脑风暴，并随时准备讨论替代方案。随机应变的人的心中可能有一个你不知道的首选方案。这种交流风格的核心是灵活和适应
按部就班 决策风格	可以这样说：“我这里有一个详细的计划，希望与你分享。”准备好报告、事实和数据。制定明确的时间表和决策流程。尊重决策过程

那么，我们怎么知道他人的元程序呢？

最简单的方法是在准备会议、推介和演示时直接询问人们想要什么。人们会因为你考虑到他们在沟通上的偏好而感激你。

如果你与他人曾密切合作，你可能已经窥视出蛛丝马迹，或者你可以请其他人给你一点提示。在会见高层领导时，要记着这些人大都是以任务为中心的（通常是因为他们会承受相当大的压力），并会欣赏一个清晰、简洁、准备充分、开门见山的演讲。避免从你公司的介绍开始。你能参加会议就说明你的公司已经通过了适合性测试。将公司介绍留在后面介绍（最后一张幻灯片或报告的后面），并假定它们不是必需的，除非特别要求。利用你的每一分每一秒去联系、理解和倾听对方。

从他人的建议中得知对方偏好的风格。

关于个人偏好，人们总是在无意间给我们提供有价值的信息，所以要养成习惯，留心去听。

如何通过情绪状态来影响他人

想要通过情绪影响他人，就要深入地了解他人的个人偏好和激励因素。

通过人际关系影响他人的第 3 条规则

你的情绪状态是影响他人的强大工具。

如果我们无法与他人建立融洽的关系，那么无论我们准备了多么充分的论据或材料，我们都无法说服他人。影响力是关于个人情感联系的一种力量。人们确实更愿意买“人”，而不是买“逻辑”论点或命题。直到最近，我们才真正理解人际交流间的化学反应是如何起作用的。

神经科学领域的最新研究发现，在人与人之间，同理心和情感联系有着强大的神经学基础，通过了解其工作原理，我们可以发展自己的个人影响力——不是通过我们所说的话，而是通过我们的情绪状态。但到底什么是同理心？冰激凌与同理心以及与情感联系有什么关系？请看下面的案例。

| 案例研究 |

在一个炎热的夏日，在意大利的一个实验室里，一组神经科学家正在对一只猕猴的大脑进行神经系统成像实验。在实验的间歇期，一位科学家趁着休息出去买了一个冰激凌。当他回到实验室，舔起冰激凌时，猴子大脑中的运动皮层也一下子活跃起来。这虽然不是实验的一部分，但科学家们对此很好奇。猴子的反应是巧合还是另有隐情？他们重复了这个举动，得到了完全相同的结果。这顿时激发了他们的兴趣。虽然当时在场的科学家们并不知道他们刚刚偶然经历了脑科学中最重要的发现之一——镜像神经元的发现以及其在模仿学习中所起的作用。我们现在知道的是，猴子大脑运动皮层深处的镜像神经元使猴子能够在完全相同的时间，在神经上执行完全相同的动作。

一位领先的神经科学研究人员拉马钱德兰（Ramachan-dran）在其 2011 年的著作《泄密的大脑：一位神经科学家对人类起源的探索》（*The Tell-Tale Brain: A Neuroscientist's Quest for What Makes Us Human*）中提出，大约在 75 000 年前，当我们的大脑发展出更复杂的镜像神经元系统时，人类迈出了进化的一大步。我们的祖先第一次接受了他人的观点。他们看到动物被剥皮，有人生火或搭建庇护所，他们对这种行为产生了“内部模仿”。这种新的大脑回路加速了人类学习和分享生存和安全的关键技能的能力，比如学会生火和搭建庇护所。

但是，尽管我们的一些镜像神经元专门用于反映他人的运动技能，但也有较小比例的镜像神经元（约 10% ～ 20%）会在我们看到他人感动时放电。这些镜像神经元位于我们的躯体感觉皮层、下顶叶皮层和前脑岛区域中。这可能与我们理解他人内心情绪的能力有关。这些镜像神经元的激活使我们能够“解读”和感受他人的情绪状态，并由此形成我们共情、理解他人观点和与他人建立融洽关系的能力的基础。我们的社交能力不仅仅是一种认知思维过程，实际上是一种大脑活动。

如果我了解你，我就可以影响你

在猴子大脑中发现的镜像神经元开辟了新的研究领域，包括神经科学中的一个被称为人际神经生物学的新领域，以探索两个大脑是如何在两个机体内相互作用的。新的研究领域研究大脑间的联系，研究一个人的思维、情绪状态和他们使用的词语如何在神经层面影响另一个人。大脑中的脑岛是我们情绪的晴雨表，帮助我们识别他人脸上的表情。

| 案例研究 |

为了了解人与人之间情绪是如何相互影响的，一组科学家进行了一项实验。他们把两个人放在一个房间里，让他们保持两分钟的眼神交流。在实验开始和结束时，参与者被要求完成一份情绪检查表。科学家们发现，两人中最能表达情感的人能够将自己的情感传递给另一个人。换句话说，拥有强大情绪状态的人能够在两分钟内改变另一个人的情绪状态。

对如何沟通和影响他人感兴趣的人来说，人际神经生物学是神经科学最令人兴奋的分支之一。我们可能会认为我们处于私人世界里，我们的思想和情感是谨慎和隐秘的，但事实上，我们的情绪状态是一个强大的影响工具。如果你看到他人脸上掠过恐惧的表情，你的镜像神经元就会放电，你的大脑就会在脑岛上创建一个相同情绪的内部“地图”，这样你就能“理解”对方的意图和情绪。这种瞬间的情绪反映让你做出回应、反应和安慰（或者如果你与对方不合拍，就会完全错过情绪信息）。正如丹·西格尔（Dan Siegel）在《心智直观》（*MindSight*）中所说：“我把这套回路——从镜像神经元到皮层下区域，再回到前额叶中部区域——称为‘共振回路’。这是连接我们彼此的路径。”所以施加影响力不仅仅需要关注其他人的感受，以调整你的沟通方式，还需要管理好自己的情绪状态及其对他人的影响。

镜像神经元：我们的双向镜子

在影响力领域非常重要的一点是，我们的镜像神经元系统作为一个双向反馈回路运作。当我们暴露在恐惧和焦虑等强烈的负面情绪中时，这些情绪会将我们拉入情绪下沉的漩涡（想想恐惧在群体中传播的速度有多快）。我们也可以分享群体的积极情绪状态。想想看，在一场体育赛事中你的球队取得了胜利或者在一场音乐会上人们齐声歌唱——情绪迅速传播，可以让其他人进入一个向上的情绪螺旋。这种双向的情绪反馈循环在任何情况下都起作用：在团体中，在一对一的情况下，在工作中。

当我们想要影响他人的决策结果时，我们的情绪状态就是我们真正的秘密武器，因为它对他人如何看待我们有重要影响，这决定了对方能领会多少信息（因为如果他们感到焦虑，他们会很难集中注意力）以及我们是否能够与他人建立融洽的关系。让我们看看镜像神经元系统是如何在不同的环境中运作的，其中既有消极影响，也有积极影响。

通过人际关系影响他人的第 4 条规则

镜像神经元系统使我们能够与他人产生情感共鸣，并影响我们的每一次互动。

镜像神经元在影响他人中的消极双向机制

情境	影响
一位首席执行官向员工传达了一条关于重大变革和重组的消息，变革将导致失业和业务动荡 这位首席执行官是实事求是且理性的，同时希望可以控制员工的焦虑感 由于担心员工的反应，这位首席执行官感到焦虑和紧张，因此选择了比平时更加“疏远”和正式的方式 **镜像神经元：感到焦虑和不适**	员工感到威胁和不安，他们的大脑很难专注于事实和细节，因为他们会考虑自己的生存问题；首席执行官的说话风格和表达方式以及他的焦虑感给人的感觉非常冷漠 员工觉得自己不受重视，“可有可无” **镜像神经元：恐惧、焦虑、不安全、不确定**

（续）

情境	影响
一位经理正在推动一个重要的项目，她因此承受着相当大的压力 她变得越来越易怒，脾气暴躁，对协助她实现目标的重要团队成员要求苛刻 **镜像神经元：焦虑、恐惧、不安全感、愤怒、需要控制情绪**	当她在办公室的时候，她的团队就会充满恐惧，担心自己会“出错”，并开始退缩和回避她，这只会增加她的焦虑感和“失控感” **镜像神经元：恐惧、焦虑和挫折感。团队可能最终不会再支持她了**
你正在向一个新客户做产品演示，虽然你已经准备好了一个很棒的幻灯片和所有的介绍内容，但你处于极度恐惧和焦虑的状态，你的神经控制了一切：你害怕眼神接触，低头看着地面，语速很快，以便尽快结束这次会面 **镜像神经元：恐怖、恐惧和困窘**	这个新客户希望你能有好的表现，但受到你不良情绪的影响，他们也变得越来越焦虑不安，很难专注于你说的话 **镜像神经元：焦虑，转而变得愤怒，甚至想“一走了之”**

我们经常会关注信息的“内容”，特别是当我们需要进行艰难的对话或传递难懂的信息时。但这也是我们管理受众情绪反应的关键时期，特别是思考如何利用自身的情绪状态去影响一个团队。当人们感到焦虑或恐惧时（比如失去工作或应对重大变化），他们会迅速进入“战斗 / 逃跑”的状态，这会让他们无法接收到你的信息，所以让人们回到正常心态是很重要的。现在，让我们来看看如何扭转这一局面，积极影响他人并借此实现我们的目标。

镜像神经元在影响他人中的积极双向机制

情境	影响
一位首席执行官向员工传达了一条关于重大变革和重组的消息，变革将导致失业和业务动荡 这位首席执行官采用非正式的谈话风格，与员工发自内心地交谈，而不是用幻灯片或者笔记进行演讲 他谈到了自己的失落和失望，并向员工介绍了变革的处理方式 这位首席执行官首先处理了自己的情绪，因此能调动员工的情绪 **镜像神经元：感觉理解和同情**	员工感到威胁和不安，但首席执行官非正式的谈话风格以及他分享自己感受的能力让员工觉得自己很受重视 **情绪：恐惧和不安减少，认同感增加**
一位经理正在推动一个重要的项目，她因此承受着相当大的压力 她告知她的团队这个项目完成的最后期限，找到了管理自己压力的方法，并向团队寻求帮助和支持 她承认、赞赏并认可团队成员的贡献 **镜像神经元：因为有了团队的支持和安慰，她的焦虑感大大减少；友情和团队精神**	这位经理的团队更有动力支持她了，因为他们了解项目后觉得自己是非常有价值的 赞赏和认可有助于提高他们的责任感和贡献意愿 **情绪：安全感（即使在困难时期，我们也不会受到批评，可以齐心协力）、自豪感和成就感**
你正在向一个新客户做产品演示，你已经准备好了一个很棒的幻灯片和所有的介绍内容 你处于焦虑状态，但你花了很多时间来调整你的情绪，以尽可能地控制这种状态，你决定让人们知道你有点紧张 **镜像神经元：焦虑、兴奋和期待的感觉**	这个新客户希望你能有好的表现 因为放松，他们能够专注于你传达的信息 当你分享自己真实的感受时，他人会换位思考并给予你同情，这有助于安抚你的情绪，让你放松 **情绪：对你所陈述的内容和情绪的分享充满兴趣和期待，对你开放和真诚的态度感同身受**

和谐共舞

能够准确解读和回应他人的情绪，并在需要时保持积极的情绪状态，这是我们影响他人的关键所在。善于交流的人会把注意力放在他们的听众身上，他们会留意听众是否精力充沛、专注并保持积极，如果不是，他们会调整、适应并回应，好让一切回到正轨。我们必须适应并关注听众的情绪状态，并通过调节我们自己的情绪，让听众感到安全和包容。在这种低威胁环境中，思维才能打开，创造力才能涌现。

在与他人的交往中，如果你对他人漠不关心，那么你和他人的交流最终只能变为你自说自话。但是，当你能够捕捉到他人无意识发出的暗示时，无论是通过他们的语调还是肢体语言，你都会很快与他们建立起融洽的关系，与他人在情感上共舞。

通过人际关系影响他人的第 5 条规则

情绪是影响力和说服力的关键因素，但却被低估了。

小贴士

1. 影响力是双向的。
2. 请注意对方的情绪并做出回应。
3. 调整并适应你自己的回应和反应。

调整你的情绪意识

当你想影响他人的时候，请先调整你自己的情绪，因为你的情绪状态每时每刻都在向外传播，并影响着你周围的人。你首先要做的是培养对自己情绪状态的意识。你的情绪能多快从积极转变为消极，或者从消极转变为积极？在与他人的情绪互动中，你是领导者还是追随者？你能否提升和转变他人的情绪，使其处于更高效、更开放的状态？或者你更像是一个跟屁虫，很快就会被他人的情绪所影响？当你注意到自己处于坏情绪中，你会被困多久？你是否有策略来帮助自己恢复并变得更加积极？

星型模型

使用星型模型能帮助你建立自己的情绪意识、情绪弹性，并恢复积极情绪，这样你就可以积极地影响他人：

转变

有很多事情会让我们的情绪从积极变得消极：当你开会快要迟到的时候得知要乘坐的火车被取消了；老板发来一封紧急邮件，说想见你，但没有告诉你确切的原因；一个朋友在最后一刻取消了对你的邀请，等等。在我们得知这些消息时我们会感到愤怒、气恼或焦虑。当我们的大脑向血液中释放皮质醇和肾上腺素时，这些情绪反过来又会影响我们的生理机能。我们的身体会变得僵硬，胃开始抽搐，下巴绷紧，整个人迅速进入一种应激状态。

思想

一旦我们注意到自己的情绪变化，就需要意识到我们的思想是如何对这些情绪做出反应的。我们都有所谓的“自我对话”，即我们在头脑中进行一种单向的内部对话，并说：“我就知道，这种情况总是发生在我身上，重要的事情总是会出错。”“我迟到了，对方会很生气的。”或者“我有麻烦了。我想知道我做错了什么？”或者“我的朋友太不体贴了，为什么周围的这些人总是让我失望？”就这样，一个想法导致另一个想法，并引发消极思维和精神灾难的连锁反应。我们的想法会带来越来越多的负面情绪和反应，压力会把我们推向“战斗 / 逃跑”或“冻结”反应，进一步阻止我们进行清晰地思考并做出适当的反应。随着我们在情绪低落的道路上越走越远，我们陷入了恶性循环。

评估、开解和分析

一旦我们意识到自身的处境，就可以开始评估到底发生了什么，分析我们的想法，并论证情况的另一面。

“火车经常晚点，这不是我个人的问题，我真的没有足够的时间来应对突发问题。现在我需要冷静下来，这样我才能想出最好的办法。”或者“我真的不知道我的老板为什么要见我，所以没有必要往坏处想，也许她有一个重要的项目想让我做。”或者“我的朋友其实很关心我，当我需要她的时候，她经常在我身边，这次我得原谅她，不要让她感到内疚，这对我来说很重要。”

恢复、解决和重置

一旦意识到思想能迅速成为问题的一部分，我们就可以开始通过改变我们的想法来调整我们的情绪状态。事实是，无论发生什么，恐慌、压力、消极思维和负面情绪只会火上浇油。因此，我们需要利用我们的大脑执行功能（智力和逻辑）来帮助我们回到更加理智的状态，然后重置情绪状态。

| 练习 |

让星型模型成为你强大的心理习惯，让它为你工作。通过练习来增强你的情绪弹性。

管理你的情绪

以下是一些日常练习，可以帮助你管理情绪。

通过调整身体状态来转移情绪

事实证明，这对我们的大脑和情绪都有好处，可以帮助我们调整情绪，恢复平衡。运动已被证明可以通过神经再生（建立新的神经元）对我们的大脑产生积极影响，并通过释放内啡肽来改善我们的情绪，内啡肽能释放让人感觉良好的荷尔蒙。当你想要“仔细思考”的时候，散步是一种很好的锻炼——大约 10～15

分钟后，当你的思想变得更加开放，可以建立新的、更有创造性的联系时，就会有一种魔力发生。步行可以增加输送到大脑的氧气和葡萄糖，从而帮助你减轻压力，提高注意力，改善记忆，所有这些都可以帮助你找到新的解决方案来应对你所面临的挑战。

通过写日记转移情绪

另一个行之有效的策略是每天写日记，记录你一天中经历的情绪。请留意是什么触发了你的情绪。是他人讲话的内容、语调还是肢体语言？想想你得出的结论。其实，导致我们产生消极或挫败的想法的，往往不是发生了什么，而是我们如何解释它。写作将帮助你整理你的想法，找到看待事物的新方式，并建立你的情绪弹性。

| 案例研究 |

加州大学洛杉矶分校的心理学家马修·利伯曼（Matthew Lieberman）研究了写作对我们大脑的影响，发现写作行为有助于使杏仁核平静下来（杏仁核与我们的“战斗/逃跑”反应有关）。科学家们发现，那些写东西的人的脑部扫描结果与那些有意识地试图控制自己情绪的人的脑部扫描结果类似。利伯曼说：“写作似乎在无意中帮助大脑调节情绪。”如果你每天练习写作，一个月后，你就形成了习惯。

正念

另一个帮助你管理情绪、建立情绪弹性、同理心和洞察力的强大工具是正念。正念训练增强了我们将注意力集中在某处的能力，当情绪大脑劫持我们的注意力时，这种能力是最重要的。当我们感到紧张和压力时，大脑的情绪系统就会接管，我们的创造性思维能力和解决问题的能力就会降低。正念训练可以让我们接受和吸收强烈的负面情绪，然后将我们的注意力拉回正轨。

正念训练的一个关键方面是反复关注身体的感觉。这有双重好处。首先，它可以让我们更多地了解我们自己的情绪信号——我们对情绪变化更加敏感，能够更好地处理强烈的情绪。其次，关注身体可以让我们活在“当下”，这是缓解压力和焦虑的良药。

四十多年来的研究表明，正念训练可以改善情绪和认知功能。如今，正念训练正被应用于包括商业、教育和健康在内的多个领域。

情绪如何驱动行为

银行业比其他许多行业更能体现逻辑、理性和确凿事实的原则。数学家、经济学家、统计学家甚至火箭科学家都受雇于银行，以增强他们的智力火力。因此，你可以说银行是“左脑”思维的典范。但在 2008 年的金融危机之后，很明显，贪婪和恐惧等强烈的情绪在银行业的决策中发挥了重要作用。主导组织情绪由最高领导者传达，并通过整个组织的镜像神经元系统向下传递。

| 案例研究 |

沃顿商学院的戴安娜·罗伯逊（Diana Robertson）和安德鲁·贝特（Andrew Bate）的一项研究表明，在全面战略思维方面，那些表现出高情商的管理者超越了同行。该研究测量了参加 EMBA 课程的管理人员在应对虚构的商业困境时的大脑活动。表现最好的是那些在与同理心和情绪智力相关的大脑区域——岛叶、前扣带皮层和颞上沟——表现出更多神经活动的人。这些区域能够更好地平衡智商和情商，并能考虑到重大战略变革对员工的影响。

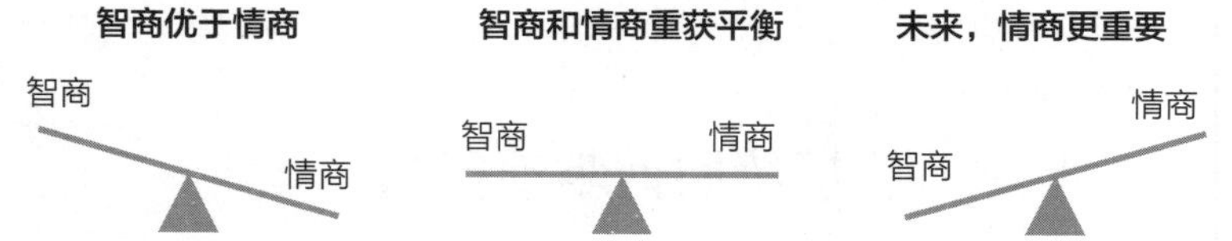

以往，我们更关注人的智力发展，但在过去的 20 年里，我们越来越意识到情绪在领导力和积极影响他人方面的重要作用。

关注他人

那么，如何引导他人的情绪呢？你可以通过“站在他人的立场上”来做到这一点。问自己以下问题，能够帮助你发现他人眼中的世界是什么样子的：

- 对这个人来说最重要的是什么？
- 他们的价值观是什么？
- 他们的动机是什么？
- 他们害怕什么？
- 他们对这一特定问题有何看法？
- 他们如何看待你？

给领导者的建议：

1. 领导者在管理他人的情绪和动机方面起着至关重要的作用。

2. 当团队面临威胁或挑战时，人们会向团队领导者寻求保证和澄清。

3. 领导者的情绪有助于塑造组织的文化和绩效水平（人们在经历恐惧、焦虑或不安全感时会表现不佳）。

4. 领导者能够使用情绪能量鼓舞、激励和指导他人。

5. 企业、组织和团队需要积极的情绪能量才能得以蓬勃发展。

共鸣的技巧

有三种共鸣技巧可以帮助你在管理他人时发挥影响力。

认知共鸣

这意味着充分理解他人如何看待事物。即使你需要对一个项目或一个想法说“不”，也要留出时间让对方充分表达他们的想法，因为当你充分了解一个观点后，接受它要容易得多。你需要花时间鼓励员工并认可他在工作中好的想法。

情感共鸣

留意、承认并回应团队成员的情绪，以建立融洽的关系。注意团队何时处于压力之下，并创造机会让人们恢复平静的心态。创造社交机会，让人们表达和分享他们的感受，并通过庆祝和表彰提升自豪感、成就感和认可感。

感同身受的关心

当有人需要你的帮助或支持时，当他们有压力或未按时完成工作时，请务必提供建议和咨询。全神贯注地倾听，提出引导性问题，帮助他人思考问题并自己提出解决方案。通过这种颇具智慧的方式，管理者运用自己的情感来培养下一代领导者。

提供反馈

在管理他人时，请确保给予表扬和积极的反馈，并与他人产生共鸣。研究人员发现，如果我们以友善和积极的方式给出负面反馈，对方仍然能够保持积极的情绪状态，自我感觉良好，而如果我们以批评和冷淡的语气给人同样的反馈，他们会感到很受挫。我们的信息内容是完全相同的，但积极的语气会被人们记住，并将帮助他们采纳信息。当人们感觉受到批评时，他们的大脑会迅速进入“战斗 / 逃跑”状态，他们更有可能变得具有防御性，并对你的信息置之不理。

大脑规则

1. 大脑有一个开环系统，情绪通过镜像神经元系统进行交流。
2. 情绪状态最强烈的人影响力最大。
3. 领导者对他人的情绪调节起着重要作用。
4. 当我们满足人们的情感需求时，他们会体验到与我们的联系和共鸣，这让我们能够施加影响。
5. 恐惧阻碍了我们施加影响的能力，因为它使人们陷入“战斗 / 逃跑”反应。
6. 微笑能通过释放神经肽、多巴胺、内啡肽和血清素来改变我们的大脑化学物质，帮助我们对抗压力，降低心率和血压，提升我们的情绪。

7. 微笑是有感染力的，所以微笑是一种简单而有力的沟通、安抚和影响的方式。

重要提示

1. 调整自己的情绪，积极影响他人。建立你的情绪意识和情绪弹性。
2. 当你想要影响他人的时候，准备好你的情绪状态，就像准备你要传达的信息一样谨慎小心。
3. 情感（而不是逻辑或事实）是有说服力的——请用情感激励因素来支持你的信息。
4. 人们总是想远离痛苦，拥抱快乐。用这些核心动力去影响他人。
5. 情感改变世界。

第三章

为什么我们滔滔不绝，却无人倾听

关注是一种创造性行为。在倾听中，听到回复不同于能从中获取点燃思想的启发。作为思考者，知道自己不会被打断，你才可以自由地为自己思考。

——南希·克莱恩（Nancy Kline），
《用更多时间思考》

这一章将告诉你，为什么倾听是最被低估和最重要的影响技能之一，并提供实用的技巧来锻炼你的倾听能力。

- 倾听：影响力的隐藏技巧
- 你在听吗
- 神经科学揭示倾听的秘密
- 糟糕的倾听习惯
- 深度倾听的力量
- 关注自我，倾听他人
- 如何鼓励他人倾听
- 领导者能从倾听中学到什么
- 提问的力量

倾听：影响力的隐藏技巧

如果你必须选择一种具有影响力的技能，你会选择什么？能自信地演讲？会讲故事？善于倾听？能够保持深度集中注意力？在我们追求影响力的过程中，我们常常被那些看起来最有价值的技能所吸引。善于表达确实是重要的技能，但最重要的技能往往是那些看起来最普通、最容易实现的技能。如果你精通其他技能，但不善于倾听，那么其他技能将在很大程度上被浪费。你可能会给人一种知识渊博、自信、善于沟通的印象，但你不会有真正的影响力。真正具有影响力的人都是懂得倾听的人，倾听成就了他们。

记住，在一个喧哗的世界里，倾听非常重要。

| 案例研究 |

美国前总统比尔·克林顿（Bill Clinton）以其个人魅力和能力而闻名，他能让每个与他会面的人都觉得自己是最受重视的人。倾听是一个强大的影响力工具。奥巴马（Obama）和克林顿一生中大部分时间都在学习深度倾听的技巧。正如肯·奥莱特（Ken Aulett）1992 年在《斯波坎纪事报》（*Spokane Chronicle*）的报道中所描述的那样，他永远不会忘记第一次遇到比尔·克林顿的情景。1986 年，克林顿参加了一次全国州长会议，会上六位母亲应邀讲述了她们靠福利生活的经历。

从克林顿的反馈中可以清楚地看到，与在场的许多人不同，他认真听取了妇女们所说的话，并了解了细节。他能叫出她们的名字，回忆起她们的故事，并根据她们所描述的内容提出问题和政策建议。

任何在竞选活动中与比尔·克林顿相处过的人都能看出，他是一位伟大的倾听者，善于吸引各行各业的人并鼓励他们发言。他有能力将这些对话转化为真正与听众产生共鸣的演讲。

在影响力工具箱中，倾听的艺术是其中最具影响力的技能——倾听是所有其他技能的基础。因为如果你不认真倾听，你很可能会错过来自你的团队、员工、同事和朋友的重要信息。然而，当你问大多数人怎样才能变得更有影响力时，他们会说："我想被更认真地对待。"或者，"我想让他人听我说。"或者，"我想在演讲时变得更自信。"没有人会说他们想成为一个更好的倾听者，因为人们很难相信不说话会让我们更有说服力和影响力。我们在成长过程中相信自己需要有主见，变得更加博学和专业，这样人们就会听我们的。随着我们在事业上的进步，我们应该有更多的话要说，而不是更少。我们觉得我们需要解决方案，而不是一直问问题。你的职位越高，听你说话的人就应该越多——而不是相反。被倾听是地位和受尊重的标志。在商务会议中，级别最高的人拥有最大的发言权，所以发言机会少、座位靠后、善于观察和倾听的人反而给人以缺乏影响力的印象。如果他人比你先进入状态怎么办？如果他们先有了好主意呢？在一个充满演讲者的世界里，倾听会让你觉得你已经放弃了比赛。

> **通过倾听影响他人的第 1 条规则**
>
> 倾听会帮助你发现你真正需要知道的东西。

你在听吗

你最近有没有听过这样的话："你没在听我说""我说的不是这个意思""你没抓住重点"？如果你是一名领导者，当员工说"领导不关心我们的想法"或"领导不想知道到底发生了什么"，那么很有可能你已经养成了入耳不入脑的习惯。有人在你停止说话后仍然保持沉默，是因为他们注意到你还在思考。上一次发生这种事是什么时候？如果你还没说完，别人就插嘴了，你有什么感觉？如果他们在你说话的时候环顾房间或者查看他们的电话留言，你会有什么感觉？你参加过多少次这样的会议，房间里的大多数人都在看着其他地方，就是没看演讲者？

平均而言，在我们打断或主动停止倾听之前，我们会倾听对方 8 秒钟。8 秒钟，烧开一壶水都不够。打断对方不仅仅是插嘴，它从我们头脑中开始想东想西的那一刻就开始了。

我们会在心里组织我们的答案，或者搜索类似的轶事或完美的建议。然后我们等待谈话中最小的间隙——吸气、沉默片刻、停顿、向旁边看一眼——然后见缝插针地抢过对方的话。这是我们大多数人都没有意识到的习惯。我们以为自己在倾听，但其实我们所做的一切都是在等待发言。因此，我们要做的第一件事是发现你原来可以成为一个很好的倾听者，然后集中你的注意力，由此进一步提高通过深度关注来影响他人的能力。

| 练习 |

使用以下方法来测试你的倾听能力。

1. 下一次与他人交谈时，注意你有多长时间完全专注于对方所说的话。
2. 一旦你有了某种想法、判断或开始组织答案，你还能听别人说多久？
3. 每天重复练习三次，持续一周。在一周结束时，记下你专注于对方的最长时间。
4. 你觉得这个练习有多难？当你听他人说话时，什么想法会突然出现在你的脑海中？

使用以下技巧来测试其他人的倾听能力。

1. 下次谈话时，注意对方把注意力从你身上移开的那一刻。
2. 在心里记下你被关注的时间有多长。
3. 每天做三次，持续一周，然后找出谁是你认识的最好的倾听者。

4. 当你真正被倾听的时候是什么感觉？

5. 当他人打断你的时候，你有什么感觉？

通过倾听影响他人的第 2 条规则：

从发现你真正能倾听到什么程度开始。

神经科学揭示倾听的秘密

听觉是我们主要的警报系统，因为它在视线之外工作，甚至在你睡觉的时候也在工作。听觉系统就像一个音量控制器，过滤掉你不需要注意的声音。但是，如果我们听到突然的噪音，我们的“惊吓反应”系统会警告我们意识之外发生的任何危险。我们拥有神经学家所说的“自下而上”和“自上而下”的注意力。“自下而上”的注意力是当我们听到突发性声音时所做出的反应，比如听到房间另一边的人说出我们的名字，而“自上而下”的注意力是我们有意识地选择我们要听的事情。

颞叶（图 3-1a）负责听见和识别声波模式，以便我们能够将声音处理成语言。当我们开始有意识地注意我们的边缘系统时，如通过语言捕获他人的语气、肢体语言、精神状况和情绪状态，我们就需要使用我们的额叶（图 3-1b）。投入深度注意力需要大量的认知努力，因此需要我们调动边缘系统（图 3-1c）。如果想成为深度倾听者，就需要练习。

听见是很容易的，它是自动的，我们不能关闭它，但当我们每隔五万分之一秒就想走神时，使用自上而下的注意力是很困难的。对于一个未经训练的头脑来说，很容易被声音、景象和其他事件（比如电话铃声和电子邮件的声音提醒等）分散注意力。

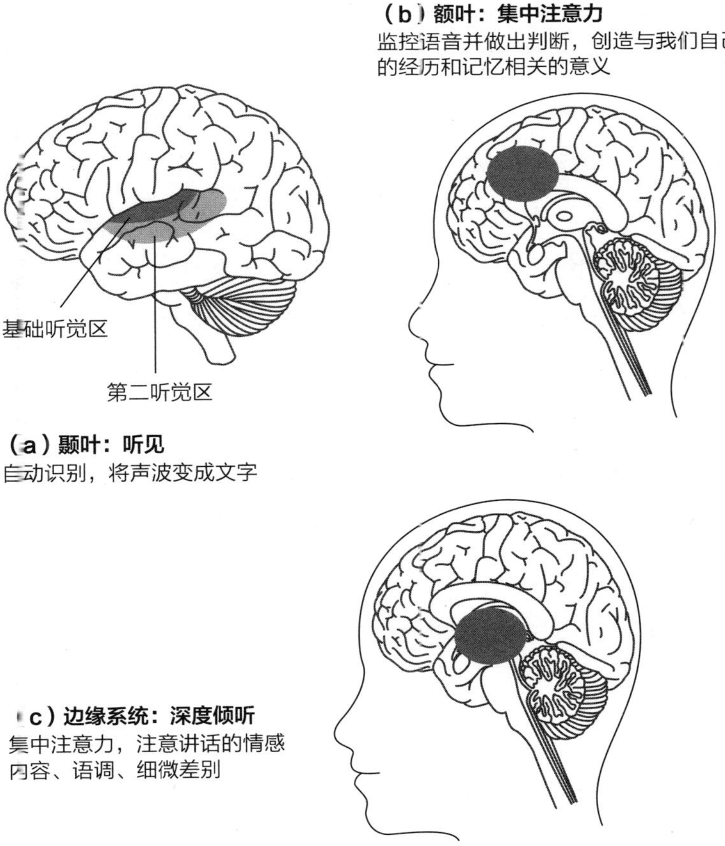

图 3-1　倾听时的大脑处理过程

当我们经历多种干扰时，需要消耗大量的大脑能量来重新集中我们的注意力。你可能认为你能在做其他事情的同时兼顾倾听，或者可以“半”倾听，但其实大脑并不是这样工作的。

| 案例研究 |

科学家哈罗德·帕施勒（Harold Pashler）表示，当人们同时完成两项认知任务时，他们的认知能力会从哈佛MBA的水平下降到8岁孩子的水平。这被称为双重任务干扰现象。在一项实验中，帕施勒让志愿者按下键盘上两个键中的一个，以回答是窗户左侧还是右侧有灯光闪烁。一组人只是一遍又一遍地做这个任务。另一组必须同时定义灯光的颜色，从三种颜色中进行选择。这些都是简单的变量——左边或右边，而且只有三种颜色——但完成两项任务需要两倍的时间，这并没有节省时间。无论是视觉实验还是听觉实验，也无论参与者练习了多少次，这一发现都站得住脚。结论显而易见：如果准确性很重要，就不要分散注意力。

通过倾听影响他人的第3条规则

听和倾听之间有很大的区别，倾听需要集中注意力。

糟糕的倾听习惯

有很多原因可以解释为什么我们听到了他人所说的话，但却听不进去，以下是最常见的原因：

- **我们不练习：** 倾听就像其他技能一样，需要练习。我们中的大多数人一生都在打断他人，无法集中注意力，思绪到处游荡。
- **我们不认为倾听是一种技能：** 企业更加重视谈话、演示、了解、建议、讲述、咨询和销售的技能。毫不奇怪，倾听似乎成了这些沟通技巧中最不受关注的一项技能。很少有企业在领导力培训中教授倾听技巧。
- **我们没有耐心：** 我们发现自己很难安静地坐着，并对他人保持开放的心态。如果我们处于压力之下，大脑的运转就会低于正常水平，我们就会发现很难全神贯注地聆听他人的想法。
- **我们头脑中有声音：** 我们不可能在听他人说话的同时也在听自己头脑中的声音——我们自己的想法淹没了我们注意他人说话的能力。
- **我们妄加判断：** 我们认为我们知道对方的想法是什么，并停止真正的倾听。
- **分心：** 在开放式办公室中，电话铃声、“永远在线”的社交媒体声、手机铃声、电子邮件声、玩笑声和成千上万的背景声整天打断我们，我们经常发现自己在与他人进行对话或开会时，被无休止的干扰所困扰。有意识地去选择我们要听的事情，需要纪律和努力。

- **我们害怕我们可能听到的东西：** 有时我们认为没听见更好。倾听可能意味着我们需要改变策略，改变决定，降低自信或让自己面临挑战。

深度倾听的力量

那么，如何让倾听成为增强影响力的工具呢？南希·克莱恩是鼓励通过深入思考提高我们的生活、学习和工作质量的先驱。她在2009年出版的《用更多时间思考》(*More Time to Think*)一书中说："人类所做的每件事的质量，都首先取决于我们思考的质量。"自1973年以来，南希·克莱恩一直在探索人们在什么条件下能更好地思考，并开发了她所谓的"思考环境"，包括十个核心组成部分，其中之一便是倾听的技巧：

相比于你打断他人或只是为了说自己想说的而听，如果你对他人的想法和接下来要说的话有浓厚的兴趣，并给予关注，他们就会表现得更好。

关注是一种创造行为。在倾听中，听到回复不同于能从中获取点燃思想的启发。作为思考者，知道自己不会被打断，你才可以自由地真正为自己思考。

当我们真正关注彼此时，当我们全神贯注地倾听时，就会产生一种魔力。通过学习给予和接受关注所带来的好处，我们能改变世界，并积极影响他人。每一次重要的会议、谈话或销售，当你想说服他人接受你的想法时，都需要大量的倾听。如果你没有注意到什么是有效的，什么是无效的，如果你不能获得非语言的线索，如果你不问真正重要的问题，而只是漫无目的地听，那你几乎肯定会失败。如果我们想增强自己的影响力，没有比全神贯注地聆听更好的技能了。

费城坦普尔大学的伦纳德·瓦克斯（Leonard Waks）认为，仅仅静静地倾听是不够的，要成为真正有效的倾听者，我们还需要给予他人我们内心的关注。瓦克斯写道：

倾听者保持表面沉默并不总是足以抵消对倾听造成的负面影响。

……为了应对这种情况，听众不仅需要避免大声提问，以免分散演讲者的注意力，模糊他们的意思，而且还需要避免自顾自地想东想西，这些想法会分散听众对演讲者所述内容的注意力（也可能会微妙地影响演讲者）。也就是说，如果倾听者试图理解说话者的全部意图，他们就会很好地保持内心的平静。

培养听的能力

虽然听很容易，但全神贯注地倾听却并不容易。不过，如果你经常练习，你很快就会意识到两者之间的区别，并增强你的听力肌肉。

请朋友或同事和你一起做下面这个练习。

| 练习 |

找一个安静的地方，在那里你不会被打扰。

1. 花五分钟听对方说话。此时你的思想可以自由驰骋，目光可以随意漫游，身体也可以自由移动。
2. 再花五分钟听对方说话，但这次要与对方保持眼神交流。对方的目光很可能会游离，所以这对你们双方来说都很舒服。每当对方的目光回到你身上时，他会注意到你仍在关注他。
3. 保持放松，但尽可能保持身体静止。
4. 每当一个想法出现在你的脑海中时，温柔地让它过去，专注于对方所说的话。
5. 交换位置，然后比较不同的体验。

你需要倾听什么

那么，倾听如何帮助我们表达自己的想法或说服他人呢？当我们想要影响他人的时候，我们应该倾听什么？

价值观、信念和动机

倾听能够帮你看清对方最看重的是什么，什么是他们深信不疑的信念。如果你不了解这些，你就不太可能说服对方。什么价值观对他们来说最重要？他们的动机是什么？无论是对方说什么，还是他们说话的方式，都蕴含着很多线索。一旦你成为一个专注的倾听者，你就能真正融入整个对话。

情绪和能量

倾听是为了了解对方的情绪和能量。只有了解了，匹配了，你才能与对方建立融洽的关系和共鸣。想想当你生气的时候，有人试图用温柔的声音“让你冷静下来”，你会有什么感觉？这有点像火上浇油。管理强烈情绪的一个真正有效的方法是传递积极的信息，但音量和强度要与对方相同。同样的道理也适用于那些能量不足、情绪低落的人——首先要匹配他们的音量和能量，一旦你与他们建立了融洽和互相理解的气氛，你就可以慢慢地调高情绪，帮助他们进入更积极的精神状态。

声调和肢体语言

注意说话的语气——不是人们说什么，而是他们说话的方式告诉你你最需要知道什么。捕捉肢体语言信号，以理解你们之间正在进行的非语言对话。

下面的表格列出了一些该做和不该做的事情，这将帮助你在与他人沟通时赢得影响力，建立融洽的关系，并对没说出口的内容做出回应。

如何在倾听时失去影响力	如何在倾听时赢得影响力
只关注内容 **风险：**你没抓住重点。你没有注意到这个人正在表达的所有微妙的线索	关注语音语调、肢体语言以及内容 **好处：**你能够对整个对话做出回应，无论是语言还是非语言因素
认为对方的问题和你经历过的完全一样。告诉对方你在同样的情况下做了什么 **风险：**做出错误的假设，限制思维，无法找到最佳解决方案	问一些有助于澄清对方所经历的挑战的问题，这样他们就可以顺着你的问题进行更好的思考 **好处：**他们会自己提出了一个更好的解决方案
走神（当你停止倾听时，人们总能知道） **风险：**遗漏重要信息、破坏融洽关系、无礼	保持你的思想开放，专注于对方 **好处：**尊重他人，建立融洽关系。获取重要信息
停止眼神交流 **风险：**让对方知道其他事情比他在说的事更有趣	始终保持眼神交流 **好处：**帮助你保持专注，表现出对他人的尊重，让他人感觉被关注和被倾听
给出建议 **风险：**阻断对方的思维和创造力	让他们自己找到最佳解决方案 **好处：**建立他们的信心和创造性思维能力

（续）

如何在倾听时失去影响力	如何在倾听时赢得影响力
打断对方的表达 **风险：**你失去了销售机会，错过了最佳解决方案，破坏了关系	等到他们完成思考（不是结束说话）后才表达，并注意到不同之处 **好处：**你创造了一种轻松的感觉，并鼓励对方更深入的思考。你建立了融洽关系
你对沉默感到不舒服，所以一旦对方停止说话，你就会介入 **风险：**你增加了自己内心的焦虑，打断了对方的思考。你破坏了融洽关系	你可以和其他人安静地坐在一起，给他们尽可能多的时间来完成他们的思考 **好处：**你被视为有价值的同事、朋友或领导

为什么需要深度倾听

你可以自己测试一下，想想你自己的经历。

- 在深度关注面前，我们感觉被看到和听到。
- 倾听他人的意见有助于他们进行最佳思考，并提出自己的解决方案。
- 倾听表示尊重、认可并能让关系更紧密。
- 人们感到被重视、被认可，这让他们更有责任感。
- 倾听建立信任。
- 被真正倾听满足了我们人类最深层的需求。

做完下面的练习后，你就会意识到自己是一个多么有效的倾听者。

| 练习 |

第一周：每周有两天，有意识地努力比平时少说 25% 的话，并利用这段时间更深入地倾听他人。

第二周：每周有两天，有意识地努力比平时少说 50% 的话，并利用这段时间更深入地倾听他人。

第三周：每周有两天，有意识地努力比平时少说 75% 的话，并利用这段时间更深入地倾听他人。

1. 你每周做得怎么样?

2. 当你少说话时，你周围的人会如何回应?

3. 这种做法给你带来了什么情绪?

4. 放开说话的感觉有多自由?

关注自我，倾听他人

虽然倾听他人的意见很重要，但我们也需要倾听我们自己内心的声音。我们需要与自己保持一致。当我们过度兴奋、紧张或压力重重时，很难倾听他人的意见——因此要及时注意到你自身的状态。

| 练习 |

每天留出一些时间来倾听你内心的声音。注意你脑子里是否有这些声音：

批评的声音：你批评自己吗？如果你这样做，是什么原因导致的？你对自己说了什么？怎样才能对自己更友善呢？怎样才能减少自己内心批评的声音呢？

恐惧和焦虑的声音：当你身处压力下时，会听到焦虑和恐惧的声音吗？你对自己说什么？在压力下，你怎样才能更好地表现？怎样才能减轻压力？如果你自我批评或焦虑的话，使用第一章中的技巧——日记、清晨便签、散步和心理视觉化——来支持自己。

如何鼓励他人倾听

你认识经常打断他人说话的人吗？当人们不断打断你时，你的情绪状态会发生什么变化？你怎样才能影响他人，让他们更深入、更专注地倾听？有些人不善于倾听，总爱打断他人的话。如果你认识这样的人，首先要做的就是注意自己的反应。你会生气吗？会避开他们吗？或者你会打断对方？如果你以上述任何一种方式做出反应，那可能会强化他们的行为。以下是与不善于倾听的人打交道的一些建议：

- **听得更多，听得更好：** 如果你把注意力从对方身上移开，他们很可能会感觉到，并下意识地继续说话以便重新拉回你的注意力。下次，当你再遇到这种情况时，给对方你全部的注意力，为他们创造一种轻松的感觉。你首先要成为最好的倾听者，而不是用你的心不在焉干扰对方。当人们真正感到被倾听时，他们就能够放松下来，并变得更愿意倾听。
- **要求平等：** 如果对方一直在谈话中大说特说，你可以想办法要求发言的时间对等。要以一种积极的心态和对方交谈，请他们给你一些时间阐述观点，而他们只负责倾听。明确基本原则：你不是在寻求他们的建议，但与他们共同思考一些事情会对你有所帮助。通过明确你的需求，将给他们一个练习倾听的机会，也给你一个被他们倾听的机会。设定一个时间界限，比如五到十分钟，之后就交换发言人。通过做这个练习，可以打破“一言堂”的模式，也会在倾听和被倾听之间创造一个更好的平衡。
- **实话实说：** 你可以告诉他人平等倾听对你有多重要，而他们却在一直打断你，请他们允许你在他们这样做时温和地指出这一点。你可能会惊讶于这是多么有效，以及其他人是多么重视你的反馈。其实，人们经常能意识到自己的习惯，但很难改变。如果你带着同情心提醒他们，然后强调你是多么感激他们的倾听，你就是在给他们一份礼物。

- **小组讨论：** 如果你是一名经理，你可以帮助他人在团队中养成深入倾听的习惯。在小组讨论的某一部分，要明确每个人都会就某一主题发表自己的意见或观点，团队的其他成员也会全神贯注地倾听。基本规则：当人们倾听时，他们应该保持眼神交流并集中注意力；给每个人相同的发言时间。

领导者能从倾听中学到什么

| 案例研究 |

当我在一家英国最大的保险公司担任通信主管时，我被要求帮助领导团队在金融危机后向员工传达新的业务战略。领导团队花了几个月的时间审查旧业务，并希望实施新的战略。我们同意与员工举行一系列路演，其中 70% 的员工在呼叫中心工作，直接处理客户索赔。我们商定了一个相当艰苦的日程安排——大家需要长途跋涉，每天只有短暂的午餐休息时间，以覆盖英国和爱尔兰的多个地点。这些活动包括一次正式的业务介绍，随后是与高级领导团队的一名成员进行小型的研讨。

活动的第一天就很艰难。许多员工坐在那里，双臂交叉在胸前，在讨论中表现得很不积极。这不是高级团队所期望的。在五周的时间里，我们与各团队举行了 33 次活动，促成了数百次研讨，遇到了许多问题、挑战和批评。新的商业战略都是关于如何改善客户服务的。然而，每到一个地方，我们都会听到同样的声音，员工们说，要实施新战略几乎不可能。

一位名叫简的呼叫中心工作人员站起来，讲述了她和一位名叫伊迪丝的 89 岁威尔士妇女通电话的过程。伊迪丝的房子被洪水淹没了，无助地站在齐膝深的水中抽泣，请求简帮助保存她的财产。为了安慰伊迪丝，简和她通了半个多小时的电话，谈论她的家庭，让她保持冷静，同时帮她叫了救护车。简工作的呼叫中心是通过业绩目标来管理的。通话是根据结果来计时、记录和评估的，而结果与同理心几乎没有关系。简那天早上没有达到业绩目标，收到了主管的警告。

简的故事并不是个例。其他员工也为类似的原因感到愤怒。多年来，伊迪丝这类老年人一直是保险公司的忠实客户，手支付了最高的保费，但保险公司对这些客户并没有提供真挚、富有同情心的服务。管理团队每到一处都会听到类似的故事。他们终于明白，难怪他们的员工对待他们会如此冷淡。这次路演是一次发人深省的经历：领导团队需要谦卑地面对他们的愿景与商业现实之间的差距，员工需要勇气与高管坦诚对话。但这些对话在业务中引发了一场小小的革命，使人们对要做什么进行了彻底反思。

多年来，我一直在企业工作。高管们总说想要倾听员工的意见，但其实很少有人是真心的。倾听可能会让人不舒服。倾听有时意味着你必须面对令人不快的事实。在某些情况下，没有什么比面对面坐下来进行真实的、令人不舒服的对话更可怕的了——但倾听员工的意见可能是你能做的最有益的事情，只有认真倾听才能改善你的业务。

伟大的领导者是好的倾听者

如果你是一家企业、一个社区或一个团队的领导者，这里有四个令人信服的理由，说明为什么倾听可以决定成败。

在倾听中思考

相互倾听可以提高每个人的思维质量。这意味着我们可以找到更好的解决方案来解决我们的问题，并迸发出最具创造性的想法。如果你准备好倾听，对方就会放心地去探索，并告诉你他们真实的想法。在这个过程中，人们会感到被尊重。很快你就会开始发掘每个人的智慧，而不仅仅是那些说话最大声或最资深的人在表达想法。

在倾听中学习

如果你有勇气去倾听，你就会了解你的人际关系中、业务中或团队中真正发生的事情。

在倾听中成长

倾听是一切事物生长的土壤：关系、尊重、信任、平等、智慧、理解和成功。

在倾听中连接

一旦倾听在你的工作中成为一种习惯，你的员工将从此与众不同。你的员工将从此具有高敬业度和责任感，你再也不需要把钱花在昂贵的活动上来提高员工的敬业度了。

领导应该倾听什么

有很多声音可以为你提供智慧、洞察力、知识和灵感，但对于领导者来说，以下这些声音是最重要的。

听听那些不同的观点 避免群体思维	倾听特立独行者的声音，倾听与你意见相左的人的声音，倾听局外人和批评家的声音。由此避免重蹈全球金融专家的覆辙，避免被群体思维蒙蔽了双眼
倾听团队的声音，听得更深入一些 培养未来的领导者	让小组讨论充满激烈的辩论和挑战吧！你的小组成员将成为未来的领导者
倾听员工的心声 把你的手指放在脉搏上	倾听那些工作一线、了解业务真实情况的人的意见。将倾听制度化
倾听客户和竞争对手的意见 从外部视角看问题	从外部重新审视你的业务，倾听客户和竞争对手的意见

提问的力量

有什么实用的方法可以让倾听成为影响你生活和事业的好习惯？很简单——提出好的问题，然后坐下来倾听答案。

如果我们所做的思考的质量可以改变我们的生活，那么问题就是如何将我们的思考引向它最需要去的地方。当我们向他人提出问题时，我们是在鼓励他们更深入地思考，并表示我们想要更深入地倾听。当我们陈述或发表意见时，我们是在封闭他人的思维，但当我们提出问题时，我们会让人们进入创造性思维模式。

不同类型的提问以及其如何引导我们的注意力

明确需求类问题

当你要开始着手一项重要的工作时，问正确的问题将为你的成功奠定基础。控制住自己先不要付诸行动，而是先花时间充分了解他人的需求。如果一个项目进行到一半的时候，你还没完全弄清对方真正想要什么，或者所有的工作只是基于你的想象，那将付出惨重的代价。

用这些问题来帮助你弄清楚他人想要什么：

- 你的成功是什么样子的？
- 你的成果是什么？
- 你如何知道你已经成功了？
- 我怎样才能更好地帮助你？
- 我们还需要考虑什么？
- 我们还需要考虑谁？
- 我们错过了什么？
- 你不想要的是什么？
- 你害怕什么？
- 可能会出现什么问题？
- 什么是不可能的，为什么？
- 我们需要什么（以及我们需要谁）来确保我们取得成果？
- X（你钦佩或尊敬的人）对此问题会怎么说？

目标类问题

用这些问题来明确目标并增强动力：

- 你的目标是什么？
- 你有多想实现它？
- 如果你不做X，会发生什么？
- 如果你知道你不会失败，你会怎么做？
- 如果你拥有所需的所有资源，那么你会做什么？
- 当你想象自己在做X时，会有什么感觉（看起来像什么）？
- 如果你想象自己在X时间内取得了成功，你现在会给自己什么建议？
- 如果你想象自己在一年（或更长）的时间里才能达到目标，你会对自己说些什么？

欣赏类问题

用这些问题来产生欣赏性思维：

- X最大的优点是什么？
- 目前什么运行良好？
- 你最近取得的成功是什么？
- 你最欣赏X的哪一点？
- 你最好的品质是什么？

- 你需要做些什么才能让它变得更好？
- 当 X 已经完成并且你已经真正成功时，会是什么感觉？
- 你已拥有哪些可帮助你实现 X 的资源？
- 你学到了哪些有助于下次取得成功的知识？
- 得不到 X 的最大好处是什么？

所有这些问题都以积极的现状、特征或结果为前提。它们会带给人们特定的记忆、图像和积极的情绪。

发现类问题

当你发现问题时，请使用以下问题提问：

- 我们在避免什么？
- 我们是否清楚地定义了结果？
- 我们还缺什么？
- 什么东西尚未提及？
- 我们遗漏了什么？
- 我们没有注意到什么？
- 我们想要什么？
- 我们现在应该处理的最重要的问题是什么？
- 我们在商议时忘记邀请了哪个重要人物？
- 除了已经做的，我们还应该做些什么？
- 我们需要问的最重要的问题是什么？

- 如果我们没有实现我们的结果，下一个最该做的事情是什么？
- 如果我们不处理这件事，我们要付出什么代价？

反思类问题

当你需要反思时，请使用这些问题：

- 我们从X身上学到的最重要的东西是什么？
- 我们如何利用经验进行改进？
- 下一次我们会有什么不同的做法？
- 我们如何与他人分享我们所学到的知识？
- 其他人知道的哪些东西可以帮助我们？
- 我们可以在哪里再次使用这些知识或经验？
- 我们需要了解什么？
- 我们需要向哪些专家学习？
- 谁在这个领域做得最好？
- 什么技能或知识会在这里起作用？
- 我们所完成的事情中，最让我们惊讶的是什么？

哪些问题不该问

“为什么？”这个问题应该谨慎使用，因为它假设他人需要解释或为自己辩解，比如“你为什么这么做？”对“为什么”这个问题的正常反应是辩解，这会让他人产生防御感。还有许多其他的“为什么”问题也应该避免，比如“X 怎么了？”或“为什么我不能……”这些问题的前提是有什么做错了或者告诉对方“不能做什么”，如果你的意图是让对方“做什么”，问“为什么”是没有用的。

因此，你需要引导产生积极感受和结果的对话，将人们的注意力引向积极和富有成效的结果。如果某件事没有成功，可以问“我们从中学到了什么？”或者“什么可以帮助我们获得更好的结果？”或者“我们需要做哪些改进？”

大脑规则

1. 我们一次只能专注于一项任务——倾听需要我们集中注意力。
2. 我们需要通过练习来加强听力的神经通路。
3. 深度倾听使他人放松，并帮助他们进行最好的思考。在你的会议、谈话以及任何你想推销或说服他人的时候，都要养成倾听这个习惯。

重要提示

1. 倾听整个对话：注意对方的声音、语调、肢体语言，以及非语言信息。
2. 带着强烈的好奇心和不加评判的态度去倾听。
3. 接受沉默，不会为此感到尴尬。
4. 每天练习，直到用心倾听成为一种习惯。

第四章
语言如何改变思想

我们的语言影响我们的感知。

——彼得·圣吉（Peter Senge），

《生活组织中的领导力》

本章将分享关于影响力的基本语言规则，以帮助你学会使用令人信服的语言，进而更好地影响他人。

- 语言的基石
- 语言如何引导注意力
- 为什么你发出的信息不是对方收到的信息
- 我们不应该怎样说
- 我们应该怎样说
- 那些影响巨大的小词

语言的基石

人从婴儿时期就会学习。我们生来就有能力听到和发出世界上每一种语言（大约有 6 800 种语言）的每一种声音。每一种语言都是复杂的，都包含着微妙的区别。到了五六岁的时候，世界各地的儿童都能流利地使用母语。

从神经科学的角度来看，我们生来就已经具备了学习语言的心理能力。语言是由声音（单词）组成的，这些声音促使我们的大脑将单词转换为有意义的表达。

语言如何引导注意力

语言可以在无形中影响我们在日常生活中所做的决定。来自耶鲁大学的社会心理学家约翰·巴格（John Bargh）花了数年时间研究我们的态度和动机的无意识原因，以找出我们的社会行为在多大程度上受到潜意识刺激的影响，比如我们在广告中看到的词语，或者我们在对话中学到的词语，这些词语如何影响我们的决定。科学家称之为“启动效应”。

| 案例研究 |

在一项实验中，一些参与者被要求阅读与老年人有关的单词，例如“Bingo[①]”。当这些参与者离开实验室时，与那些没有读过单词的人相比，他们走得更慢。当然，并不是只有语言才能激发我们的潜意识反应；当科学家们在房间里放一个背包时，它会激发团队更多的合作行为，而公文包则会激发更多的竞争行为。

有大量的研究通过符号和语言的使用来研究启动效应对消费者的影响，这些研究显示人所做的很多选择都是在无意识下做的。巴格认为，驱动我们做决定的许多心理过程都发生在我们的外部。

巴格说：“很明显，我们每个人都相信自己比普通人更好，相信坏事发生在他人身上，而不是我们自己身上，相信我们可以自由控制自己的判断和行为。但相信自由意志的好处与自由意志的实际存在无关。一个积极的幻觉，无论多么实用和美好，仍然是一种幻觉。”

为什么你发出的信息不是对方收到的信息

如果我们的大脑从我们出生的那一天起就被组织起来去理解

① 美国的一种游戏。——编者注

他人并与他人交流，为什么我们的理解有时会存在巨大偏差？为什么即使我们说同一种语言也难以沟通？语言怎么会变得如此难以理解？语言如何才能成为一种强大的影响力工具？让我们先来看看我们的大脑是如何处理一个“语言包”的。比如对于简单的名词“猫”，现在你闭上眼睛，想象一只猫。你脑海中出现了什么画面？你花了多长时间？你注意到你的大脑在做出选择时完成了哪些流程吗？可能不会。处理语言的神经活动发生得非常快，涉及一个类似这样的过程：首先，大脑必须将一组字母识别为一个“单词”——cat（猫）；然后，大脑会锁定一只猫。

然而，考虑到我们可能有很多关于猫的经历，如何选择一只特定的猫呢？我们所经历的每一件事都被“情感标签”编码到大脑中——无论它与痛苦有关，还是与快乐有关。因此，回忆的第一条规则是寻找与猫最强烈的情感联系，这个词可能是消极的，也可能是积极的（一只非常可爱的猫，或者一只让我们害怕的猫）。情感记忆储存在边缘系统深处，因此这是大脑搜索的第一个地方，触发相关的感官记忆，进而在视觉皮层中产生图像，在感觉皮层中产生触觉联想，在听觉皮层中产生听觉联想。

当关于“猫”的记忆突然出现在你的脑海中时，它是一个瞬间的、连贯的单一记忆。但你的大脑其实完成了一项极其复杂的任务，即以极快的速度重组储存在各种大脑皮层中的信息碎片中的经验。如果你让十个人去想一只猫，他们头脑中没有两只猫会是一样的。喜欢猫的人或那些非常不喜欢猫的人首先会产生记忆，因为他们的大脑对这个词有强烈的情感联想。但那些没有强烈情感联想的人会花很长的时间来选择猫的形象，因为在他们心里所有的猫都差不多：加菲猫、邻居的猫、隔壁的猫。但每个人都是在这个基础上选择的。

他们有关猫的个人经历会带着他们自己的视觉、听觉、触觉和情感联想突然出现在他们的脑海中。所得到的情感标签增加了回忆事件/对象的可能性。这都是关于记忆的情感和被触发的联想。图4-1给出了与单词“猫”相关的正面和负面情绪标签的示例。

如果关于“猫”这个词有这么多不同的联想，那么想想与更多词有关的各种个人联想，比如家庭、学校、朋友、工作、金钱、性和爱。这些不仅在个人之间可能不同，而且在每个人人生的不同阶段也可能不同。想想从你六岁到现在，上面这些词的意思发生了怎样的变化？

| 练习 |

选择一个词，安静地坐一会儿，闭上眼睛。对自己说这个词，当你这样做的时候，密切关注进入你脑海中的任何图像、感觉、想法、词语和记忆。暂停。

停止思考你在头脑中所经历的事情，继续观察所发生的事情。再重复一遍这个词，看看会出现什么。

和朋友一起试试，看看你会注意到什么。

我们认为语言是普遍的、共享的，而词语是对简单真理的“固定”描述。还有什么比“猫”这样简单的名词更直接的呢？我们每个人怎么会对同一个词有如此不同的情感反应和内在意象？

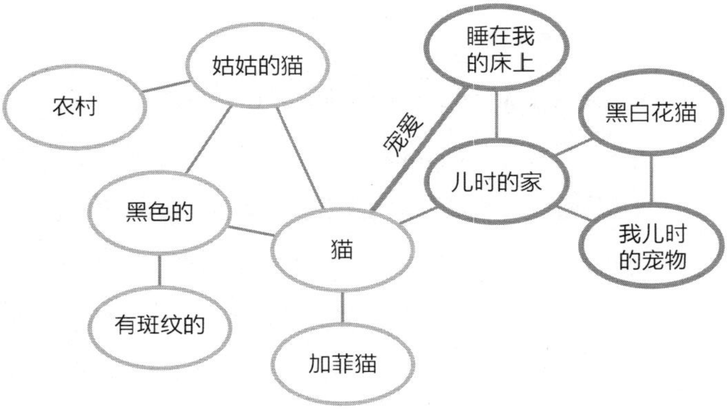

（a）

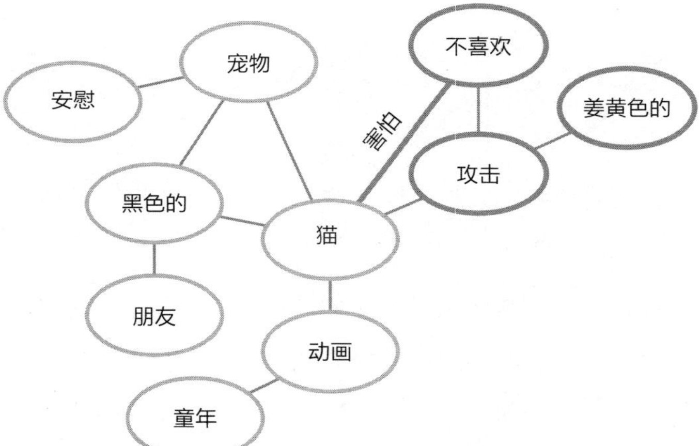

（b）

图 4-1（a）虽然你的大脑可能会产生许多关于猫的记忆，但最重要的记忆是带有最强烈情感标签的记忆。（b）如果你小时候被猫攻击过，这个语义节点的负面情绪标签会很强烈，你会很快想起那只猫，并感到恐惧。

由此可见，每个人对语言的解读都不一样，有时你发出的信息并不一定是对方收到的信息。

> **通过语言影响他人的第 1 条规则**
>
> 记住，你认为的“猫”不是别人认为的“猫”——一旦我们更多地了解了人类大脑是如何处理语言的，我们就可以使用语言来引导他人的思想。

让人们建立联系

每当我们在孩提时代学会了简单的单词——一个单词对应一个物体——我们就会在语言阶梯上迈出下一步，开始将单词分组，这就是所谓的分类。现在我们开始寻求更抽象的语言使用。例如，想想“水果”这个词；没有水果这种东西，只有认识了单个的水果——香蕉、苹果、橘子——我们的大脑才能理解水果的概念。

我们没有意识到我们的大脑正在做什么来处理“水果”这个词，因为它的工作速度难以想象——每秒 200 亿次计算。然后我们的大脑会通过连接语义网络中的单词来理解水果（见图 4-2）：饮食概念、营养、购买或采摘、剥皮、颜色、质地、气味、记忆等。对于居住在不同大洲的人们，水果的语义是不同的。孩子可能会“讨厌”吃水果，而有健康意识的人可能会“喜欢”吃水果。因此，每个人对“水果”都有自己的情感“标签”，大脑会在一个更复杂的层面上理解这个词的含义。但对我们的大脑来说，解开一个分类仍然相对容易，比如水果，因为分类中的东西是我们已经体验过的特定于个人感官的东西：如香蕉、苹果、橙子等。

图 4-2　我们通过丰富的潜意识语义网络来理解语言

但当我们开始使用抽象语言（对在商界工作的人来说，比如“战略优势”这样的词汇）时，大脑就会去寻找感觉、颜色、质地、图像，然后空手而归。因此，通过使用这些抽象词汇，你是在要求大脑爬到语言阶梯的顶端，然后进行最费脑子的处理。

专业术语让人难以理解

如果你想说出有影响力的语言，专业术语是最大的障碍之一，因为它是抽象的、概念性的语言，大脑很难理解和创造与专业术语间的关联。我们知道，情绪是激励我们去做某事（或不做某事）的火花。如果一个演讲者在演讲中使用了太多的专业用语，而又没有给听众提供快速理解的方法时，听众的大脑就会被关闭。如果一位首席执行官在一次演讲中说，公司计划利用其“优势资产”，你的大脑会试图理解哪些项目属于“优势资产”这个类别——可能是你的产品、服务、新客户或其他一系列东西，但无论你想出什么，都只是你的猜测。因此，当你让你的听众猜测你想表达什么时，你就无法施加影响力。

当我们使用简单的特定感官语言时，意思很容易向外传播。因为这并不需要大脑付出很多努力，内容都是对个人有意义的（大脑喜欢的）。相反，当我们处理高层次的抽象概念和专业术语时，这个过程就复杂得多。大脑需要回过头来寻找分类的细节。其过程如图所示：

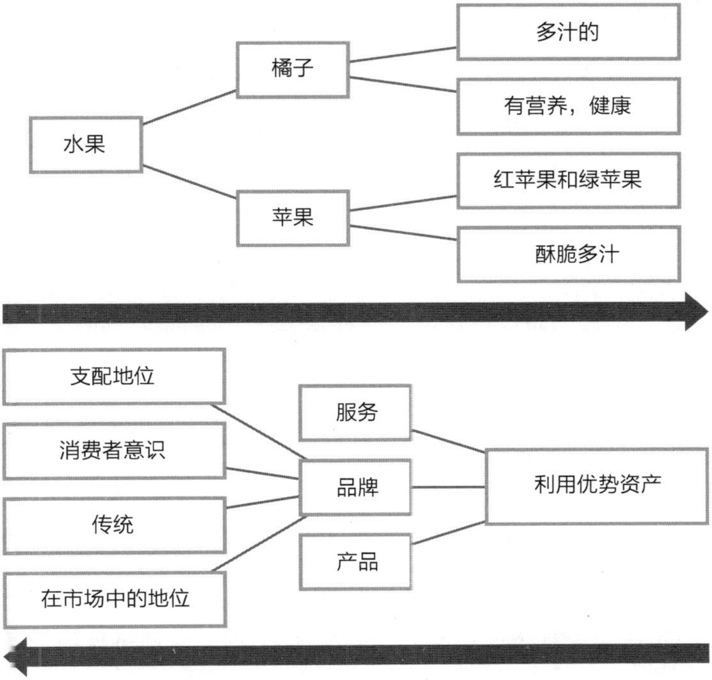

图 4-3 扩展与收缩型语义网络

图 4-3 中逆向工作的过程需要大脑付出很大的努力。它不容易产生迁移和联想，与个人无关，也很难理解。对于大脑来说，扩展思维比收缩思维更省力。在上面这两张图中，第一张就像水毫不费力地向外流动，而第二张则像试图把水推上山。

通过语言影响他人的第 2 条规则

大脑中的思维扩张比收缩更容易。大脑有思维扩张的倾向——语义网络是其基石。

专业术语制造障碍

当你想要传达你的信息时，专业术语还会带来其他问题。因为这些专业术语对于专业领域内的人和专业领域外的人是完全不同的存在。想想，在你开始一份新工作的第一个月，你试图掌握新工作中所遇到的首字母缩写词和所有专业术语，当时是什么感觉？我至今还记得当我加入一家大型跨国银行时我面对新术语的焦虑。一年后，我可以在谈话中使用许多专业词汇，但作为一名沟通者，当我坐下来试图为新员工解码这些词汇，以使沟通更加具体和简单时，我很挣扎，因为我的大脑无法创建诸如风险加权资产、资本充足率、每股收益、已占用资本回报率等词汇的合适的表达。这些词在我的脑海里飘荡——模糊而没有色彩。当然，对于高级银行家、金融分析师和专家来说，专业术语非常重要（作为表达大量复杂想法和概念的捷径），但当它被过度使用并主导商业对话时，问题就来了。因为专业术语传达了一个微妙而含蓄的问题（你是我们中的一员吗？），它创造了局内人和局外人。商业专业术语是由领导者和中层管理人员使用的（很少被车间的人使用），所以它强化了“我们”和“他们”的心态，如果不小心，我们会因为使用专业术语让人们感到被“隔离”。

企业高管行业经验丰富，数年来一直在理解业务和专业术语，他们觉得自己与之紧密相连，但普通员工却没有形成对这些专业术语丰富的联想，他们只是在死记硬背而已。

通过语言影响他人的第 3 条规则

如果你想与你的听众沟通，并让每个人都参与到对话中，请避免使用专业术语和抽象的语言。

如果你是一位专家，如首席执行官、科学家或技术达人，当你能够以一种深入浅出的方式分享你的专业知识，你将从人群中脱颖而出，真正把你所要传达的知识传递给听众并切实地鼓励到他们。

在自己不熟悉的领域中发现新想法并得到专业人士通俗易懂的点拨是最鼓舞人心的事了，那些能够在专业领域和普通人之间架起沟通桥梁的人是真正伟大的沟通者。他们很可能已经找到了一种方法，通过使用故事、比喻和联想（见第五章）来帮助你的大脑在你已经掌握的知识和新知识之间建立联系，从而将技术上的专业术语转化为容易理解的图片、情感和色彩。

让信息通俗易懂的技巧：

1. 请注意，用专业术语传达信息时，听众都必须首先学习这些专业术语，然后进行反向解码，这对大脑来说是很费力的。

2. 将复杂的信息转化为易于理解的信息，加上情感色彩，人们接受起来就容易多了。

我们不应该怎样说

消极的语言会产生消极的情绪

使用消极的语言会让影响效果适得其反。想象一下，你在健身课堂上非常努力地锻炼，汗水从你的脸上滴下来，你的 T 恤粘在你的背上，你喘不过气来，正处于身体极限的边缘，这时私人教练大声喊道："不要停！" 你的大脑会对"停"这个词产生心理联想，比如放慢速度、正常呼吸、放松你的肌肉，然后必须反转这些图像来理解指令实际上是"继续前进"。如果你对孩子说"不要摔倒"或"不要摸"，其实是在引导他们在脑海中创造一幅摔倒或触摸某物的画面，以便让他们理解你的指令。遗憾的是，我们总是说这种适得其反的话。

| 案例研究 |

当我在一家大型跨国银行的通信部门工作时，我被要求组织一场活动，目的是让员工在处理客户数据时更有安全意识。该活动是对这家银行因一系列 IT 安全故障而被英国金融服务管理局（FSA）罚款 500 万英镑的回应。活动初始，高级 IT 主管建议我们告诉员工“10 件不能做的事”。但是，通过了解大脑的运行规律，我们打算传达更积极的信息。我们没有说“不要让你的笔记本电脑不上锁”，而是使用了一系列问题，如“离开是否安全？”“发送是否安全？”，以促使人们有意识地思考自己的行为，并让他们做出明智的决定。把一系列“不要”的指令串在一起的信息会产生内在的触发因素（内在的图像、记忆和感觉）。当我们在学校或家里遇到“麻烦”时，当你想与你的听众建立理解和融洽的关系时，带有“不”“别”这类字眼的消极语言可能会让结果适得其反。

而且，人的大脑也记不住 10 件事。有一条记忆规则说，人一般只能记住 7±2 件事。也就是说，大多数人能记住 7 件事，有些人只能记住 5 件，还有一些人最多能记住 9 件。因此，在传达信息时，明智的做法是将你的清单限制在 7 件事以内（如果可能的话，缩短它）。想想看，人们在记忆电话号码（通常是 11 位数）时，通常把它们分成更小的

3 位数或 4 位数的单元，这样更容易记住。所以，如果你真的想让人们记住一些重要的观点或指示，避免创建“前 10”的自动列表。

最终，在我们发起的活动中，向员工传达了 7 条重要信息（我们必须让 IT 主管摆脱 10 条戒律综合征），但其实 5 条会更令人难忘。一旦你理解了这些简单的语言规则，以及你的大脑是如何处理信息的，就能确保你所传递的信息被他人记住。

有影响力的语言提示：

1. 告诉人们你想让他们做什么（使用积极的语言）。

2. 在指令中加上“不要”会迫使大脑进行额外的认知处理。

3. 如果你想便于他人记忆，请一次只传达 5 ～ 7 个要点。

我们应该怎样说

巧用比喻

比喻能将复杂的信息转化为大脑乐于接受的格式，由此我们可以将知识从我们先前的经验映射到新事物上。当我们听到带有比喻的描述时，我们的大脑会搜索类似的经历，帮助我们在情感上与这个描述建立联系。比如，把大脑比作计算机，能触发许多联想，如编码、连接、大脑作为信息处理器或以比特形式保存信息……因为我们的大脑中已经有了关于计算机的特定感官图像（主机、电线、信息流、屏幕、电流、程序），所以我们很容易通过这些图像来理解大脑是如何工作的。

但是，尽管比喻易于理解，但把大脑比作计算机的比喻也限制了我们的理解。因为或许大脑比计算机要复杂得多。所以，需要明智地选择你的比喻。当你使用一个特定的比喻时，想想它能否让你的表述更准确且易于理解。

理解比喻需要相当多的脑力，并且需要我们使用左右两个大脑半球的额下回（用于理解概念）和右脑的颞上回（用于理解语境），以及前扣带皮层帮助我们长时间集中注意力（见图 4-4）。尽管耗费脑力，比喻的效果却是令人满意的，因为它为我们提供了一个广泛而丰富的语义网络，使我们能够交叉引用并建立丰富的图像和更深入的理解。一旦你有了一个对你有用的比喻，它就会帮助你建立一层又一层的意义。如果我们把大脑比成一台计算机，那么每当我们了解大脑的一个新部分或它的一种新的处理方式时，我们就可以继续用比喻帮助我们理解和记忆。

比喻也有助于减少信息在传播中受到的阻力。人们不会像质疑数据、事实、统计和其他信息那样质疑比喻。当我们面对事实时，我们的大脑更有可能质疑和询问“它可信吗？”“证据是什么？”“谁说的？”等等。

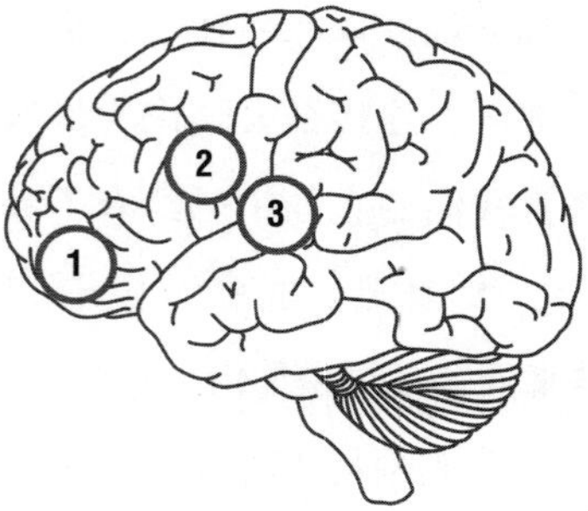

图 4-4　参与比喻理解的脑区

想一想，当面对“美国梦”的比喻，而不是一位美国政客发表一项具体政策的枯燥细节时，你会想到什么。如果你看过奥巴马总统在美国大型政治会议上的演讲，你会发现他所使用的语言充满了比喻、想象、类比、故事，而不是干巴巴的具体政策细节。政治语言是情感说服的语言；你甚至可以把它看作是一种恍惚的语言，因为观众正在进行一场无条件的情感之旅（因为我们的大脑不会质疑情感，只会质疑“事实”）。这并不奇怪，人们在群体中听熟练的演讲者使用比喻，最终几乎总会“万众一心”。政治家（企业家）非常清楚语言在说服或劝阻选民（消费者）方面的力量。

语言框架的力量

另一个有影响力的语言工具是“框架”，它是比喻的近亲，是有影响力的沟通者用来推销和说服的语言工具。几年前，我和一位朋友参观了伦敦南岸的泰特现代美术馆，并问她对眼前那幅作品的看法。她说她喜欢那幅画的画框，每当她看一幅画时，她首先注意到的就是画框。她说，合适的画框可以让一幅普通的作品变得伟大，而不合适的画框则会让一幅伟大的作品变得平凡。我完全震惊了。我意识到她注意到了一些我从未注意的东西。

有一些语言框架正是以这种方式运作的。它们在我们的意识之外，但它们对我们构建意义和解释语言的方式有着深远的影响。虽然语言框架无处不在，但我们很少注意到它们，因为我们的注意力总是被语言的内容吸引了。

我们来看看布什政府在 2003 年引入一项新的立法时所使用的语言框架。

这项法案被称为“健康森林恢复法案”。共和党在使用语言方面非常慎重，并投入了大量的时间和金钱给智囊团。作为回报，这些智囊团提出了令人信服的语言框架来指导公共辩论。新立法的目的是通过疏伐森林地区茂密的灌木丛来减少火灾的风险，但它并非没有争议，环保组织认为这是一场环境灾难，而且会让木材行业获得意外之财，因为法案允许砍伐以前受法律保护的宝贵木材。

通过将立法命名为“健康森林恢复法案”，政府试图在选民心中创造积极的潜意识情绪。就像“水果”一词激活了人内心丰富的语义网络一样，“健康森林恢复法案”每次在报纸或电视上出现时，都会激活选民头脑中的积极情感和联想。这个框架旨在创造与健康、活力、能量、生命（健康）的联系，并使某些东西复活、改善、再生（恢复）。通过有意识地使用这一语言框架，政府试图将公众的思考限制在框架内并结束辩论。但环保组织已经意识到语言在公共辩论中的力量，他们提出了自己的框架，将人们的注意力引向完全不同的方向，称该法案为“不让一棵树幸存法案”。这一框架创造了非常不同的内部联想：破坏、亵渎和世界末日。

认知语言学家乔治·莱考夫（George Lakoff）花了数年时间研究政党如何使用语言框架来控制和引导公共辩论，他认为框架的力量比事实本身还要强大。莱考夫说：“每个词都是根据框架来定义的，你总是在构建框架。”道德和情感已经植根于人们的思维方式和感知某些词语的方式中——而且这种处理过程大多是无意识的。

你的框架是什么？

另一个例子也能证明语言框架的强大影响力：一个代表烟草公司集团反对在烟盒上引入“素面包装”（即不得使用标识、品牌图片、促销文案）的英国游说团体发布了一份新闻稿，称素面包装的引入将“为黑市扩张制造完美风暴”。这个框架中的心理联想是灾难和犯罪。“完美风暴”这个词不自觉地触发了好莱坞大片《完美风暴》中的画面和情感。普通的、可爱的小镇渔民被可怕的、狂暴的海洋所吞噬。该框架试图将烟草公司定位为保护者和有良知的企业公民（否则为什么要花钱警告公众素面包装的危险？），试图将人们的注意力从素面包装的香烟盒可能“拯救生命”“防止更多人死于与吸烟有关的疾病”甚至“减少烟草公司的利润”的观念上转移开来。

以下是一些常见的语言框架，用来改变观点、引导注意力和说服人们去做一件事。当你看到这些框架时，你脑子里会有什么内在的联想。想想你最后一次在媒体上看到这些框架是什么时候。你是否意识到何时该使用框架？通过更多地意识到框架，你既可以质疑它的真实性，也可以在你自己要传达的信息中使用它来引导注意力，并说服人们支持你。

与“逃税”相对的“税收规划”

“税收规划”是一个责任框架。当我们提到“规划”这个词时，我们想到的是效率和责任。与此相反，抗议团体用“逃避”来界定同样的问题——这是一个道德框架，因为逃避的人是在避免做他们应该负责的事情。逃避者让其他人承担该群体的工作（税收），并将不公平的负担加在（较贫穷的）公民身上。

与“烟草工业”或“制药工业”相对的“大烟草公司”或“大制药公司”

“大”意味着跨越国界的企业集团，因此不在单一国家层面负责，而“工业”则是单一国家边界内的经济和社会生产力框架。

“抗衰老”，而不是“润肤霜”

这是一种情绪驱动的“远离”框架，对消费者购买产品或服务的决策有重大影响。它能让人联想到疾病、生命晚期甚至死亡。虽然“抗”这个词和“不”这个词的作用方式是一样的，我们首先必须考虑衰老，然后“逆转”它来理解所说的话。如果一个产品是用积极的语言来推销的，它就会被称为“青春精华露”，但更大的市场份额是用“远离”的语言描述的，因为恐惧是最强大的动力。

与“选择权”相对的“生存权”

以上两个框架都谈到了“权利”（不可剥夺，平等地适用于每个人）。对于反堕胎者来说，最基本的人权是“生存权”，这一框架的价值高于“选择权”。在这个框架中，注意力集中在胎儿（而不是妇女）的存在上。对于支持堕胎者来说，他们寻求保护的权利是妇女的权利——选择如何对待自己身体的权利。在这个框架中，注意力集中在妇女身上（而不是胎儿）。两者都是道德框架。在这场辩论中，使用的第二个框架是使用“胎儿”一词，而不是“未出生的孩子”。

框架本身也有价值

上面所有的框架都是有倾向性的。他们不是中立的，他们试图通过触及强大的情感来影响受众的价值观。框架可以被用作消极或积极的影响工具（取决于你的意图），所以你需要意识到它们的力量，并明智地使用它们。

用好框架能达到良好的宣传效果，但用不好也会惹来麻烦。如果一家公司将一项变革计划称为“携手共创美好未来”，而员工经历了降薪、调岗或失业，那么该计划的名称可能会成为众矢之的。想一想政客利用政治框架影响选民时给自己挖的坑，就像英国前首相戴维·卡梅伦（David Cameron）说的那样：“我们都在一起”。选民们不傻，他们不会没有注意到银行家奖金、公司避税与经济紧缩之间的矛盾。

明智地选择你的框架，否则它可能会给你带来困扰。

来源：加里·巴克插图

练习

1. 注意框架是如何在媒体、广告、政治活动和公共辩论中使用的。
2. 下次你去购物时，注意那些说服你购买的语言框架。
3. 公共辩论和政治活动中最常用的框架是什么？
4. 这些框架中蕴含怎样的价值观？
5. 这些框架唤起了什么情绪？（是让人们远离还是接近）？

预设

当你使用预设时，你是在假设某事已经发生了。在英国电视节目《美国之声》中，一位评委使用了一个有效预设的例子（在该节目中，成功的歌手可以选择一位评委当他的导师）。这位评委对一名选手说："我期待与你合作，写歌、录音。"这种预设的方式，会让参赛者在脑海中想象这些事情的发生。这是一种非常诱人的技巧，一种在潜意识中用来影响选择和行动的技巧。

你可以这样使用预设：

- "明年这个时候我们聚在一起时，将能够回顾我们成功的项目。"（前提是你们将在明年同一时间相聚，并且项目取得成功。）
- "在下一次指导课程中，我们可以检查你的进度。"（你预先假定对方将预订另一次指导课程，并将取得进展。）

- “一旦你有机会审阅建议书，我期待再次见面。”（前提是客户希望再次见面，并且他们准备审阅建议书。）

这些预设是有影响力的，因为预设在对方的头脑中创造了一个想象的未来，并在潜意识中发出指令。预设可以说服他人做出他们在其他情况下可能不会做出的选择。如果电视节目《美国之声》的导师（在上面的例子中）在你的第一次歌唱训练结束时说：“考虑一下你是否想继续歌唱训练，如果想的话请给我打电话”，你会如何回应？

该预设需要你考虑是否需要继续训练（这样你的注意力就会被吸引到必须在两个选项之间做出有意识的选择）。在这个例子中，导师可能有自己很强的价值观，即“不要咄咄逼人”，但在没有意识到这一点的情况下，他们实际上可能会劝导歌手选择自己当导师。

除此以外，在家里或工作中也可以使用预设来积极影响他人。例如，如果一位同事遇到困难，你可以说：“想象一下几周后，当这一切都结束了，你已经成功实现了你的目标。”这将帮助他们想象当压力消失、目标实现时他们会有什么感觉，从而有助于保持他们的积极性。

|练习|

1. 练习在工作中使用预设来帮助同事或团队实现拓展

目标。

2. 下次朋友需要鼓励的时候，有意识地用一个预设来支持他们。
3. 为了提高你的销售，在你的网站文案、宣传手册或与客户的会议中使用预设，以增加他们购买你的产品的动力。

那些影响巨大的小词

- **尝试：** 从语言学上来讲，“尝试”是一个逃避性词语；它真正的含义是我们不可能做成某事，表达了一种矛盾心理和不确定性，最好避免使用。最有影响力和说服力的话要诚实而直接，才能与别人建立信任。如果你不能保证某事的成功，请用积极的框架作答，如“请给我点时间，我会在约定期限内答复你。”这给了你时间来考虑是否可行，如果不可行，你可以准备下一步该怎么办。
- **但是：**“但是”倾向于否定其之前的内容，例如“我很喜欢你的想法，但是……”对方会专注于你之后所说的话，并将句子的第一部分理解为一种“减轻打击”的方式。“但是”这个词表达了你在传达明确信息时的不适，并使你的信息变得更加消极（否则你为什么需要“软化它”）。
- **同时，并且：** 当你想要传达需求时，可以用“同时，并且”代替“但是”。比如：“我真的很喜欢你的想法，与此同时如果能提供一些额外的信息来帮助我做决定，我将不胜感激”。这将帮助人们理解连词前后的两个信息同等重要，而不是使用“但是”后，人们只看到后面的内容。

- **或许，也许：**这些词在听者的头脑中创造了一种特定的情绪，允许不同的可能结果，例如“你或许想……”或“可能你会觉得这个很重要”。这帮你避免预设一些东西，并且让建议显得很“温和”。在正确的语境中使用时，这种说法是强大的，因为它显示了对他人选择的尊重，并建立了同理心。
- **应该，必须：**这些词通常会引起他人的抵触，会让人觉得自己被强迫遵从。因此，如果你想建立相互理解和积极的关系，应该避免使用这些命令性词语。

大脑规则

1. 注意语言是如何引导他人的注意力的。
2. 使用这些语言技巧来积极影响他人。
3. 带有强烈情感标签的单词能更快、更强烈地引发心理表征（例如猫的例子）。
4. 我们的大脑在丰富的语义网络中理解单词（例如水果）。
5. 使用框架引导对方通过其语义网络进行理解。

重要提示

1. 使用清晰、平实的语言来传达信息，避免使用专业术语。
2. 如果你需要使用抽象的语言来帮助人们理解，请使用比喻。
3. 情绪是你的朋友。接纳情绪，并将其代入你的语言中，以说服他人。

第五章

为什么故事可以改变世界

澳大利亚土著居民说，伟大的故事——值得反复讲述，可以通过它找到生命的意义——总是能找到适合的讲述者，就像猎手通过嗅觉追踪到猎物一样。

——罗伯特·莫斯（Robert Moss），
《梦想之门》

本章将向你展示如何用故事来说服和激励他人、情绪营销的重要性以及领导者如何影响自己的员工。

- 为什么人们对故事感兴趣
- 事实与虚构：大脑的不同反应
- 说服的科学
- 故事能简化复杂信息
- 领导者如何通过变革影响员工
- 为什么情绪营销如此重要
- 情绪如何驱动决策
- 讲好你的故事

为什么人们对故事感兴趣

在世界各地的每一种文化中，人类都通过讲故事来理解、分享和回忆。从前，我们的祖先围坐在篝火旁听部落首长讲故事。现在，我们坐在电影院、剧院或电视机、电脑和手机前分享我们生活中的故事。人们都乐于讲故事似乎解释了我们共同的、进化的人类心理。长久以来，我们一直使用叙事结构作为最优雅的方式来传达我们的信息，我们的激情，我们的愿景和我们是谁。

叙事会带给我们熟悉感和安全感，因为我们会对故事多少有些预测，但我们也知道每个故事都为我们提供了新的和不同的东西，因为没有两个故事是完全相同的。不然为什么我们会对续集、我们最喜欢的作家、体裁、流派和风格有如此大的好奇心？我们的大脑喜欢模式和差异。差异意味着脱颖而出，而相似则是熟悉和令人欣慰的。当你把讲故事作为你影响力工具箱的一部分时，听众们会感到既放松又好奇。这是一个很好的组合，既能保持注意力集中，又能提高你的说服和激励能力。

有研究发现：当我们深入到我们所讲述的故事的核心时，我们会注意到它们有着共同的主题：一段曲折的旅程、克服挑战、在世界上闯出一片天地、探索、喜剧、悲剧与重生。我们在自己的生活中经历的挣扎、损失、喜悦和旅程，都会在讲故事的虚拟世界中反映出来。叙事结构是经过几千年的锤炼，帮助我们学习、记忆和改变的最经典的形式。

既然故事的功能如此强大，能传播思想、获得理解和激励，那为什么这么多企业不善于讲好故事呢？作为消费者，为什么我们经常面对密集的信息，而不是帮助我们选择和决定的简单说明？当我们想让他人注意到我们的想法时，我们可以从讲故事的艺术中学到什么？让我们来看看两个熟悉的故事结构，以及我们的大脑需要做什么来处理语言。

故事一：回收零件的管弦乐队

在巴拉圭的卡图埃拉，一辆垃圾车正在城市边缘的一个巨大垃圾填埋场清空垃圾，准备拖走满是生活垃圾的垃圾袋。旁边，一群垃圾回收者冲向垃圾车，他们的双手沾满黑色的污垢，遮脸的头巾保护他们不受太阳的暴晒。

大约有 500 名垃圾回收者在卡图埃拉垃圾填埋场工作，这里每天堆放 1.5 吨垃圾。回收者将塑料和铝分开，以每袋 15 便士的价格出售。

然而，在成堆的垃圾中，有用过的烤箱托盘和油漆罐。尼古拉斯·戈梅斯（Nicholas Goméz）非常看重这些垃圾，他用这些材料来制作小提琴、吉他和大提琴。

48 岁的戈梅斯曾是一名木匠，现在为法维奥·查韦斯（Favio Chavez）工作。法维奥·查韦斯是巴拉圭唯一一支回收乐器乐团的指挥。卡图埃拉回收乐器乐团由 30 名学生组成——他们是垃圾回收者的子女——他们的乐器是用城市垃圾制作的。虽然乐团成员成长于卡图埃拉的苍蝇包围和恶臭中，但他们现在受到了全世界的赞誉。本月早些时候，他们刚刚在阿姆斯特丹举办了一场音乐会，演奏了包括帕赫贝尔的卡农在内的诸多乐曲。

乐团诞生于2006年，当时37岁的查韦斯作为一名技术员开始在垃圾填埋场工作，帮助回收商对垃圾进行分类。

查韦斯说："一把小提琴比垃圾回收者自己住的房子还要值钱。因此我们不能给孩子一件正式的乐器，这会让他陷入困境，他的家人可能想把这个乐器卖掉，所以我们试着用垃圾来制作乐器。"

查韦斯认为，孩子们学习乐器的心态可以在很大程度上帮助他们摆脱贫困。

两年前，艾达（Ada）和诺埃莉亚·里奥斯（Noelia Rios）的祖母为他们报名后，他们开始在一个小教堂学习查韦斯的课程。他们喜欢查韦斯的严格教学，每天在家里练习两个小时，并与乐团一起周游拉丁美洲。

艾达说："我不在乎我的小提琴是由回收零件制成的。对我来说，这是一笔财富。"

故事二：企业市场扩张

继宣布我们在亚洲和新兴市场的业务之后，今天我们宣布重组技术部门，以改善我们的经营，并率先部署用于提升我们新收购的欧洲业务的举措。现在，我们比以往任何时候都更需要为整个欧洲的目标客户提供改进的服务和产品，以便为我们的股东和客户创造更多价值。在这个竞争激烈的市场中，我们的利润受到挤压，市场的新进入者在我们的一些核心领域大幅降价。鉴于异常的市场状况，董事会已决定做出一系列重要的改变。

为了保护利润，我们宣布任命新的欧洲运营总监约翰·泰勒（John Taylor），他将负责审查整个地区的运营交付和利润情况。约翰将组建一个新的团队来协助他度过这个充满挑战的时期。

事实与虚构：大脑的不同反应

以上是两个截然不同的故事，对吗？这两个故事都讲了一群人面临挑战，领导者采取行动，其他人被要求做出改变。都是为了传达一些重要的引导性信息，以作为行动的号召。那么，为什么我们在阅读时会有如此不同的反应和情绪呢？为什么其中一个故事更容易被记住？当我们阅读这些故事时，神经科学能告诉我们大脑内部发生了什么。

当我们的大脑集中于故事情节

当我们面对信息时，我们的大脑中有两个主要区域会被激活：韦尼克区和布罗卡区。在上面的两个故事中，“企业市场扩张”使用的信息是抽象的概念和事实，而“回收零件的管弦乐队”使用了感官特定的语言。

第一个故事以一个我们可以理解的场景开始，它发生在巴拉圭一个叫卡图埃拉的小镇上。听到这里，我们与拉丁美洲的地理和文化相关的储存记忆会立即被激活，并开始在大脑中建立丰富的多维图像。我们想象这些人的样子——他们的容貌、发色、衣着。然后，故事继续用丰富的、特定感官的语言描述场景："满是生活垃圾的垃圾袋""苍蝇包围和恶臭""小提琴是由回收零件制成的"。当我们阅读时，多个大脑区域参与其中。读到感觉时（例如"头巾保护他们免受太阳的暴晒"），与处理纹理和感觉相关的感觉皮层和小脑会参与进来；读到身体运动时（例如"冲向垃圾车"），运动皮层会参与进来；读到气味时（"苍蝇包围和恶臭"），嗅觉皮层会参与进来；读到颜色和形状时（"双手沾满黑色的污垢"），视觉皮层会参与进来；如果你听过帕赫贝尔的卡农，你大脑的听觉皮层可能会开始不自觉地回忆起音乐片段。因此，由语言引起的心理表征具有类似于真实经验的味道。这个故事涉及多个大脑区域，以建立和塑造我们的情绪和认知反应。当我们阅读这个故事的时候，我们很容易能够感同身受。

这个故事最强大的地方在于它能够唤起一系列复杂的情感，因为它是一个深刻的讲人性的故事。这个故事带我们经历了七种核心情绪中的许多情绪，包括两种在许多故事中经常被排除在外的情绪：厌恶（垃圾堆、苍蝇、恶臭）和惊讶（用垃圾制成的乐器，孩子们可以用这些简陋的乐器演奏最著名的古典音乐）。该故事的转折能带给我们惊喜，挑战我们的期望，而大脑喜欢这种新奇的感觉。这种惊喜能持续吸引我们的注意力，因为结局是未知的——它可能是积极的，也可能是消极的，我们需要保持我们的注意力来发现结局是什么。在这个故事中，美妙的音乐是从恶臭和垃圾中产生的，这一结局令人惊喜。

丰富的感官图像、声音、纹理、颜色、感觉和情感为我们的大脑提供了一个钩子，因为故事吸引我们，并在多感官体验中毫不费力地持续吸引我们的注意力。这就是伟大故事的力量。上面这个令人回味的故事在下图给出的大脑图像中被绘制了出来。

在处理故事的丰富性时，感觉皮层被激活，产生视觉图像（视觉皮层）、气味（嗅觉皮层）、记忆（来自海马体和边缘系统）的心理表征，甚至与演奏乐器或捡垃圾的运动方面有关的表征（运动皮层）。所有这些表征都是由额叶协调的，额叶在故事建立的过程中保持对故事的注意力，决定将注意力集中在哪里，并抑制其他过程，同时记住所有丰富的意象。这种全脑体验让人很容易记住故事。

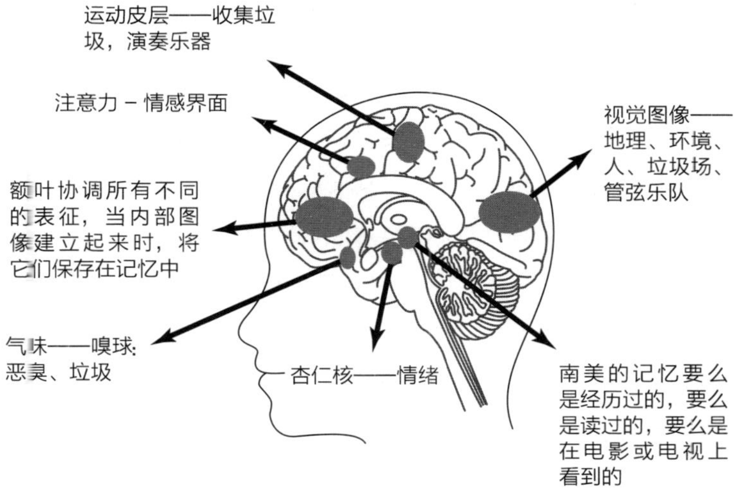

图 5-1　我们的大脑对故事情节的记忆

当我们的大脑集中于事实信息

当我们听“企业市场扩张”的故事时，很少有感官信息来触发记忆、感官意象或表征。相反，当我们倾听并试图处理信息的含义时，只有基础语言网络被激活。通常，当我们试图理解并从我们正在编码的信息中提取意义时，韦尼克区被激活（见图 5-2），除此以外也没有什么别的活动了。

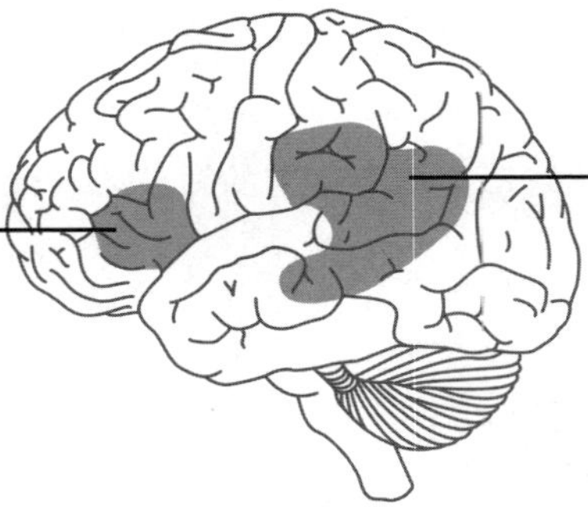

图 5–2 我们的大脑对事实的记忆

在这个商业故事中，我们知道有一个问题，但我们并不真正知道它是什么。语言是抽象的，所以很少有特定感官的图像可供大脑捕捉和回忆——我们陷入了一个令人沮丧的认知猜谜游戏。这个故事给人一种脱离现实、不合时宜的感觉。我们知道有个叫约翰·泰勒的人，但仅此而已。故事中几乎没有能量或让人感兴趣的点，没有惊喜，脑海中也很少出现画面（没有颜色、质地、气味或声音）。

两类语言的效果对比

商业语言	叙述语言
抽象、概念化、事实、数据、专业术语、大信息量	色彩丰富的、描述性的、特定感官的，有吸引力
不带感情色彩的“冷”语言	产生强烈情感记忆的情感语言
没有个性、模糊、可以由任何公司编写	有个性
没有任何带入感	创造出时间和地点的带入感
不能激发他人行动	通过使用情感来激励行动
不包容——将人排除在外	包容——邀请所有人加入
使用“行内”专业术语，排斥“外行”	使用通用的交流语言，可以跨文化分享
没有明确的核心信息	信息是明确、清晰和令人信服的
即使慢慢读也非常难读懂，经常需要重读	毫不费力就能读懂
很快就会被遗忘	令人难忘，可以在听了几周、几个月或几年后还留在脑海里，听过的人还会转述给他人

通过讲故事影响他人的第 1 条规则

通过讲述一个充满激情的故事来分享你的激情。讲现实中的真人真事和他们面临的真实挑战，通过情感吸引受众。

说服的科学

有些公司每年在广告上花费数十亿美元，因为它是有效的。从根本上说，广告就是讲故事。儿童产品使用令人难忘的卡通人物，这些卡通人物具有儿童认同的产品个性：狮子、老虎、猴子、鸟、超人、迪士尼人物等。最成功、最令人难忘的广告是那些故事讲得好、激发消费者情感联系和认同的广告。

英国有史以来最著名的广告活动之一是始于 1987 年的黄金混合广告。该活动最初设计为 3 个广告，讲述一对年轻男女偶然相遇并坠入爱河的故事。这个系列的广告非常成功，最终在近 9 年的时间里播放了 11 个广告。该活动的成功促使广告公司会向大众预告该系列中下一个商业广告播放的日期和时间。

结果，最后一个广告在英国成功吸引了超过 3000 万观众。范德比尔特大学的市场研究员珍妮弗·埃德森·埃斯凯尔斯（Jennifer Edson Escales）发现，与使用事实和论据的广告相比，测试受众对故事类广告的积极反应更多。这对任何想要说服他人的人来说都是至关重要的，尤其是那些倾向于通过“信息”来说服观众的商人。

你有没有在演示介绍中，一遍又一遍地给出统计数据、百分比和事实？它通常会在观众心中引发更多的问题，比如“数据的有效性如何？”因为太多的事实会让大脑进入分析模式。你需要做的是，在你的信息中使用令人信服的事实，同时通过讲故事的方式让这些事实生动起来。

让我们来看看大脑如何处理故事和信息之间的差异。

大脑处理故事和信息的差异

讲故事的神经科学	信息神经科学
故事激活多感官皮层：运动、听觉、嗅觉、体感和视觉	信息主要激活布罗卡区和韦尼克区
由于故事使用特定于感官的词汇，便于大脑展开想象，然后详细阐述。每个人都会从这些联想中产生自己独特的想象体验	信息使用抽象的概念语言，大脑很难找到相关的感官图像
由于感官联想的力量，伟大的故事很容易被回忆起来	大脑很难记忆信息
故事中的人物会让人产生情感联系，并得到人们的认同	我们不认同信息
伟大的故事总是能引发人的情绪	信息缺乏情感
故事有可识别的结构：开头、中间和结尾，这是大脑所熟悉的	信息更具条理性
故事对他人有激励作用，这些反应作为动机驱动深深植根于人的大脑中	信息本身并不具有激励作用，除非了解某件事对我们的生存或发展有额外的好处

通过讲故事影响他人的第 2 条规则

当涉及说服和影响时，情感胜于事实。

故事能简化复杂信息

在第二章中提到的猴子和冰激凌的故事其实并不完全准确，但它已成为许多关于镜像神经元发现的书籍和文章中经常引用的故事。就连神经学家马尔科·亚科博尼（Marco Iacoboni）也这样说：

在科学界流传的众多故事中，有一个是这样的：当维托里奥·加莱塞（*Vittorio Gallese*）在实验室里吃一个冰激凌甜筒时，猕猴大脑中的神经元开始放电。这个故事我在不同的地方听过好几次，不知什么时候我自己也开始相信了。事实上，我成了传播这一信息的工具之一。

我在研讨会上公开讲过这个故事，甚至对一些采访我的记者也讲了这个故事……唉，原来这个故事根本不是真的……但它很吸引人。无论对于讲述者还是听众，这个故事都令人难忘。

这个故事之所以在媒体上如此经久不衰，也许是因为它浓缩了多年来复杂的科学发展历程，将所有必要和正确的元素编织成一个简单而令人难忘的故事，最终口口相传。对于与公众分享一段科学探索而言，这个故事已经足够了。

> **通过讲故事影响他人的第 3 条规则**
>
> 伟大的故事能够激活人的多感官网络——视觉、听觉、质感、色彩和情绪——让人在脑海中形成一种详细的内在表现，使他们很容易就记起这些故事。

领导者如何通过变革影响员工

讲述变革的故事

自全球金融危机以来，许多企业一直在进行重组：管理兼并收购、整合、外包以及适应紧缩和全球化的新经济现实。对于每个公司来说，能否持续成功取决于他们如何适应新的经济和政治环境。然而，令人震惊的是，有数据显示，所有变革方案中有 70% 未能实现其设定的目标。这是对时间、精力和金钱的巨大浪费。

出了什么问题？为什么这么多聪明人没能带来有效的改变？传统上，大多数企业都建立在“左脑”思维的基础上，逻辑、理性、事实、数据、比率和信息主导着决策和沟通。虽然左脑思维在决策和解决问题方面至关重要，但它往往无法帮助员工成功应对变化和理解复杂问题。如果情感而不是逻辑在驱动我们的决定，那么讲故事就是分享和建立情感联系的最佳方式。多年来，首席执行官们已经学会了如何传达信息，却很少有首席执行官学会了如何讲故事。但其实，讲故事不但对首席执行官很重要，对每个人都很重要。因为在生活中，我们每个人都处于领导地位，我们经常需要讲述一个激励他人的故事——不管是作为团队的管理者，还是作为社区或社团参与者。

通过讲故事影响他人的第 4 条规则

讲故事本质上是一种领导技能，在我们生活的各个领域都能发挥作用。

我们的大脑如何应对压力

对于员工来说，企业内的重组会引发他们原始的、自动的“战斗 / 逃跑”反应。大脑对威胁的反应是激活杏仁核，将压力荷尔蒙皮质醇和肾上腺素释放到血液中。在威胁下，我们进入战斗、逃跑或冻结反应。我们的心率加快，血液奔涌，我们的注意力转移到我们需要做什么才能生存。

在当今的商业世界中，我们经常会对不危及生命的事情（变革、重组、裁员）做出同样的反应。鉴于大多数组织的大规模变革往往需要几周、几个月（有时甚至几年）的时间，而且这种变革似乎是持续不断的，许多员工在观望他们的工作状态是否安全时，可能会经历几乎持续不断的低水平杏仁核劫持。

体内皮质醇和肾上腺素水平升高，会降低大脑创造性思维和解决问题的能力，并损害人体的免疫系统和睡眠模式。许多员工在等待了解变化将如何影响预算、时间表、计划、投资和优先事项时，会将注意力从他们正在从事的工作上转移开来。领导者的口头禅通常是："继续做你正在做的工作，直到被告知安排有所变化"，但大脑会对不确定性增加和控制感降低的反应以一种损害认知功能的方式维持杏仁核活动（见图 5-3）。

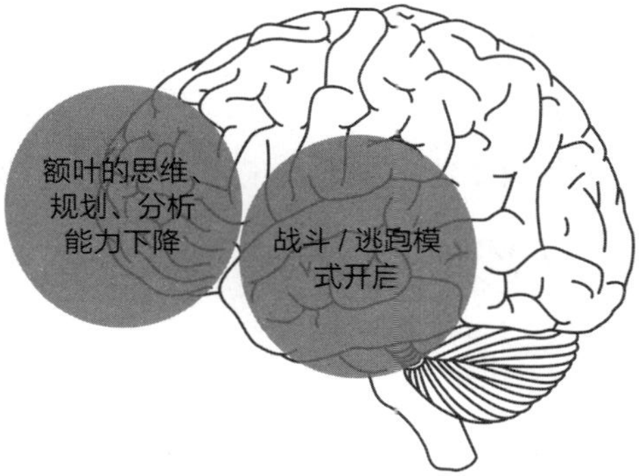

图 5-3　压力对大脑的影响

大脑会搭建更多（更快）的回路来检测威胁而不是奖励。在企业做出裁员决定时，员工会处于一种长期的轻度到中度亢奋状态。鉴于我们的共鸣能力（通过镜像神经元系统），不久之后，群体中就会开始传播恐惧和焦虑情绪。当公司需要员工重振业务时，员工其实处于一种心理停滞状态，因为压力给他们带来了注意力、动力、专注力水平和表现的下降。

领导者如何影响员工

那么，首席执行官和领导者可以做些什么来影响员工并帮助他们应对变革呢？其实，领导者不仅是在管理工作，也是在管理员工的情绪和大脑。首席执行官可以通过清晰、一致的叙述来帮助员工理解变化，同时接纳员工的情绪，并以心理一致的方式与员工建立起联系。

那么，与他人建立理解和情感联系的最佳沟通方式是什么呢？如何以一种他人乐于接受的方式讲述变革的故事？你需要做两件事：1、以员工们能接受的语言讲述连接过去和未来的故事；2、接纳现在。你的故事需要验证员工的情绪，然后有意识地引导团队内的情绪处理，以促进整个团队的健康成长和顺利变革。

分门别类

首先，明确需要变革的具体内容——时间、地点、方式和原因。让员工能够清晰地感觉到变革到底会带来什么。传播企业中领导者通过变革影响员工的真实故事。拥有决定权并承担责任。

想想下面这两种说法的区别。每句话让你感觉如何？

领导层已决定缩小业务规模，以提高盈利能力。

鉴于我们糟糕的财务业绩，我做出了一个艰难的决定，即调整我们的员工人数。作为领导者，我们将尽一切努力将对员工的影响降至最低。

想想你所使用的语言对员工情感和心理的影响。把人放在你的故事的中心，以显示领导者心中有员工、乐于负责任。

接近和远离

改变总是远离熟悉的事物，走向未知的未来。在你所传达的故事中，悲伤和放手是过渡到一个不同的未来的必经阶段。尊重过去很重要，因为许多员工可能已经在公司工作了很多年。成功的未来只能建立在成功的过去之上。变革，是将公司愿景中好的和重要的东西带到未来，同时放弃不再服务于业务的东西。

通过讲故事影响他人的第 5 条规则

通过情境化帮助人们应对变化：发生了什么？为什么？我们下一步要去哪里？当我们到达那里时，它会是什么样子？

使用故事影响员工的提示：

1. 用通俗易懂的语言。
2. 用员工乐于接受的语言。
3. 避免使用专业术语。
4. 讲一个有血有肉、饱含情感的故事。

情感链条

那些能够与员工谈论变革的情感影响的领导者会被认为更富有同理心，更看重信誉，其面临的诱惑是使用默认的“左脑”思维反应“右脑”情况（用逻辑和理性思维来回应强烈的情绪）。

当战斗/逃跑反应被激活时，我们的大脑额叶就会关闭，这会影响我们做出决定、制定计划和灵活反应的能力。如果大脑认为我们即将被老虎吃掉，我们就不需要再计划我们的暑假日程，也不需要考虑我们为组织做贡献的方式。我们只会想需要做什么才能生存下去。在威胁下，我们的大脑边缘系统被打开，大脑额叶被关闭（见图 5-4）。

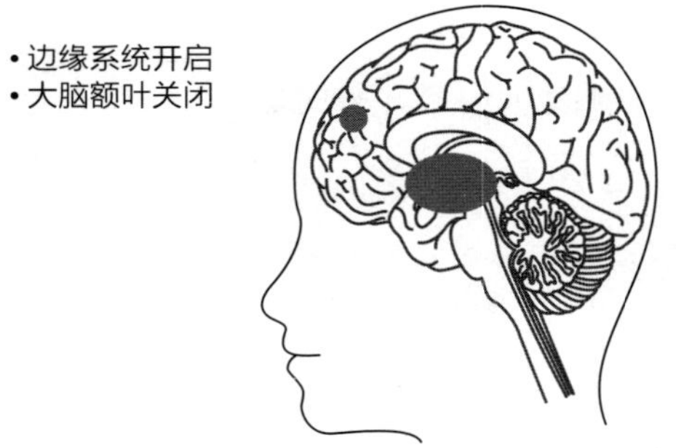

图 5-4　压力下的大脑

团队的领导者扮演着强大而有影响力的角色，而员工则期待领导者对变革做出适当的解读。当领导者轻松地谈论变革引发的情感挑战时，他们会与听众产生情感共鸣，并表现出同理心、洞察力和理解。情绪转变曲线（见图 5-5）反映了随着时间的推移对变革的情绪是如何变化的。有经验的领导者会以适当的方式应对员工的情绪。当员工们仍处于震惊、愤怒或否认阶段时，期望他们接受和理解变革是不合理的。

当你与员工沟通时，请考虑如何积极应对员工的情绪。图 5-5 中的模型显示了情绪周期，以及当组织回到稳定状态时，需要如何按顺序处理情绪，从消极情绪到中性情绪，最后到积极情绪——你需要花时间充分了解每个阶段的特点。

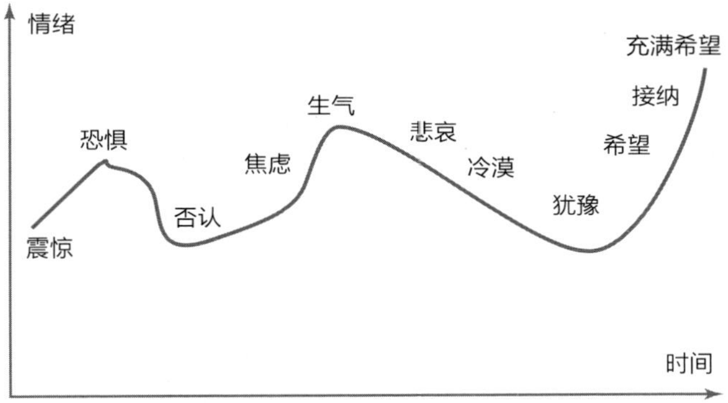

图 5-5 情绪转变曲线

转变情绪的故事框架

情绪	开始转变——故事框架
抗拒、愤怒、焦虑、悲伤、抑郁	开诚布公地谈论这些，承认变革的困难和人们在面对变革时的感受。可以在你的沟通中使用情绪转变曲线，让员工意识到他们有这些感受是正常的。一旦人们能够给他们的感觉贴上标签，他们就可以开始管理这些强大的脱轨情绪

（续）

故事主题： 威胁与挑战 骄傲，承认过去 **故事主题：** 历史、共同的价值观和经验 积极、充满活力并致力于支持变革 **故事主题：** 更新与再生	分享管理层在做出变革决定时所面临的挑战，并向人们保证，这些决定是经过深思熟虑后做出的 承认过去的成功以及员工在过去帮助企业克服挑战的事实 一旦你承认过去，你就可以接纳需要改变的问题和议题 谈论问题和挑战，并让员工参与设计解决方案，将员工的注意力引向变革内容本身 谈论未来是什么样子的，并描述你需要采取的步骤。创造引人注目的未来图景
情绪趋向	**经历变革——故事情节**
安心、尊重、接纳，在不稳定期内安全地表达情绪 **故事主题：** 克服、离开和回归	讲述一个关于不确定的未来的故事。请让每个人都参与进来，否则即使是最好的计划也可能失败，这需要团队的努力才能实现。花时间讲述变革中的进步，并坦诚地面对遇到的挑战。当人们参与到变革中时，他们会被激励去支持变革 领导者拥有知识、资源和技能，但他们无法看到所有细节，而这正是变革可能失败的地方。如何确保全局和细节一起得到管理？这需要整个团队都行动起来——这是员工贡献想法、解决方案和创意的机会
情绪趋向	**新的开始——故事情节**
兴奋、期待、充满活力、参与、包容、重视、欣赏 **故事主题：** 新的开始、旅程和回归	自始至终庆祝进步和成功。展示情绪转变曲线，庆祝员工在变革中表现出的韧性。看到员工们的努力、想法和贡献。关注公众认可，创造有仪式感的时刻，在那里人们可以聚在一起重新建立联系 回顾过去的变化，告诉团队大家是如何面对挑战并克服它的。把这份经历作为一个积极的故事，让员工产生自豪感和成就感

为什么情绪营销如此重要

在所有类型的公司中，快销品公司最了解情绪在决定人们的选择上所起的作用。这些品牌花费数百万美元在消费者和他们的产品之间建立深刻的、潜意识的情感联系。

谷歌（Google）、哥伦比亚广播公司（CBS）、菲多利（Frito-Lay）和可口可乐（Coca-Cola）等跨国公司投资了一项名为“神经营销”（Neuromarketing）的营销新领域，以研究人们在营销刺激下的大脑活动和生物特征（心率和呼吸频率）。一些公司建立了内部实验室，并聘请神经科学家来研究消费者的情绪反应是怎样影响他们对品牌和产品的选择的。基于这些研究，这些公司最常用的营销策略之一是在消费者心目中创建“启动效应”。

什么是启动效应？它如何在潜移默化中产生影响？启动效应是一种创造内隐记忆的能力，这种内隐记忆会影响人们以后对刺激的反应。广告就是一种有意识的启动形式。消费者选择一种特定的产品往往是因为他们已经接触过这个产品的广告，使得消费者更熟悉该产品，因此对其更加信赖。同时，公司也希望通过在电视节目和电影中植入他们的产品，来激发情感联系，这样产品就会与受欢迎的演员产生一种无意识的内在联系。

体育明星的代言费与他们能够引发消费者对品牌赞助商的特定反应成正比。美国高尔夫球手泰格·伍兹（Tiger Woods）的收入超过 10 亿美元，其中很大一部分来自赞助和代言费。当耐克想要建立自己的高尔夫品牌时，泰格·伍兹的代言帮助其从一家初创公司成长为世界领先的高尔夫服装和设备公司。

如果我们的大脑是根据我们情感联系的强度来做出选择的，那么那些能够成功激发出消费者情绪反应的公司就会胜出。可口可乐的口号 Open Happiness（畅爽开怀）总结了许多全球品牌在寻求产品和特定情绪之间的特定联系，很少有公司比可口可乐更了解情绪销售的力量。事实上，你甚至可以认为它在销售情绪，而非产品本身。

案例研究

在 2004 年进行的一项著名研究中，67 人在盲品可口可乐和百事可乐时接受了脑部扫描。当参与者不知道他们喝的是什么牌子的饮料时，一半的人更喜欢喝百事可乐而不是可口可乐。他们大脑中被激活的部分是腹内侧前额叶皮层，这是一个处理奖励感的区域。但是，一旦参与者被告知他们喝的是哪种可乐，75% 的人会说还是可口可乐的味道更好。那么，如何解释他们会改变主意呢？研究人员发现，一旦参与者知道他们喝的是哪个品牌的饮料，他们的大脑扫描显示，大脑外侧前额叶皮层（大脑中控制高水平认知的区域）和海马体（与记忆有关的区域）的活动会增加。

选择可口可乐的决定受到了更深层次的情感记忆和联想的影响，这些记忆和联想是多年来通过广告建立起来的，这些广告激发了人们积极的无意识情绪反应，这种反应超越了单纯的味觉。可口可乐营销支出大部分集中在暑假和圣诞节，这是一年中大多数消费者与亲人共度时光的两个最具标志性的时刻。他们在一起庆祝、放松和娱乐。如果我们的大脑根据最强烈的情绪来选择记忆，而可口可乐多年来在我们生活中的这些情绪高峰时刻投入了数十亿美元的广告，那么它成功地在消费者心目中主导可乐市场也就不足为奇了。里德·蒙塔古（Read Montague）博士说：我们生活在文化图像的海洋中，每个人都听说过可口可乐和百事可乐，他们的信息已经渗透到我们的神经系统中。

练习

请想一想，你对圣诞节或暑假的感觉是什么，有哪些情绪反应和联想。

安静地坐一会儿，闭上眼睛。默念“圣诞节”“暑假”，当你这样做的时候，密切关注进入你脑海中的任何图像、感觉、词语或记忆。

注意这些词语所带来的丰富联想、情绪反应和记忆。

情绪如何驱动决策

另一位对情绪在决策中的作用感兴趣的神经科学家是德鲁·韦斯顿（Drew Weston），他在 2007 年出版的《政治大脑》（*The Political Brain*）一书中指出，美国共和党之所以能主导关键的政策辩论，是因为他们运用了一种在选民头脑中产生强烈情绪的政治语言，而民主党只是在吸引选民的理性思维。德鲁·韦斯顿和他的团队对共和党和民主党的支持者进行了一系列实验，以找出当他们在情感上想要相信的东西和真实情况之间发生冲突时，会发生什么。当在功能性磁共振成像仪中扫描他们的大脑时，参与者会看到一位候选人的最初陈述，然后是一段矛盾的陈述。例如，布什的支持者得到了以下声明：

声明一：布什支持者

“来到这里，看到这些士兵得到的照顾，让我和劳拉感到欣慰。我们必须为任何愿意为我们的国家冒生命危险的人提供最好的照顾。”

乔治·布什（George Bush）

声明二：布什支持者

就在布什发表上述言论的同一天，政府宣布切断约 16.4 万名退伍军人进入退伍军人医院的通道。

民主党的支持者也面临着类似的挑战。在海湾战争期间，约翰 克里（John Kerry）在给一位选民的信中发表了最初的声明：

声明一：克里支持者

谢谢你联系我表达你的反对意见……我和你一样担心。我会投票支持延长经济制裁。

约翰·克里

七天后，克里在给另一位选民的信中发表声明说：

声明二：克里支持者

感谢你们对伊拉克入侵科威特表示支持。从入侵一开始，我就坚决、毫不含糊地支持布什总统对危机的回应。

约翰·克里

德鲁研究的有趣之处在于，虽然民主党和共和党都能看到对方言论的矛盾之处，但他们却无法看到自己候选人言论的矛盾之处。大脑扫描显示，当参与者读到自己一方的矛盾陈述时，一个神经元网络被激活，产生了情绪困扰。为了减少痛苦，参与者通过错误的推理选择“忽略”痛苦的来源。德鲁说：在政治中，当理性和感性发生冲突时，感性总是会胜出。尽管思想市场是一个购买政策的好地方，但美国政治中最重要的市场是情感市场。他接着说：“政治学的数据非常清楚：人们投票给能引起正确感觉的候选人，而不是提出最好论据的候选人。”

通过讲故事影响他人的第 6 条规则

情绪驱动着我们的决定。

讲好你的故事

有时我们需要通过一个清晰、简单的故事，来引发强烈的情感冲击。尽管我们可能在会议或演示上的时间有限，在网站或宣传文件上的空间有限，但我们仍然需要坚持传达我们的信息。当我们想推销一个想法时，讲故事非常有用。

公司标语是一种很好的传达信息的方式，它会让你思考如何创造一个简单而引人入胜的故事，让人铭记在心。

标语试图通过在人们的潜意识中激活丰富的图像、记忆和联想网络，在消费者中创造特定的情绪反应。“接近”情绪驱动品牌的例子，有可口可乐（畅爽开怀）和耐克（想做就做），“远离”情绪驱动品牌的例子，有美国运通（没有它就不要离开家）和Ajax（比泥土更强大）。这些品牌寻求满足我们对友谊、爱情、人际关系以及安全感、确定性的情感需求。虽然很少有公司利用恐惧情绪来驱动行为，但对于动物之友（Friends of the Animals）等一些组织来说，恐惧是一种有效的激励情绪（永远灭绝）。这里要说的是，最令人难忘的标语是那些使用惊讶情绪的标语，因为它引发我们发现不同层次的含义——当你读到美国陆军的标语“一些最好的男人是女人”时，你会有什么想法？

你希望你的受众对你所传达的信息有什么感觉？你想唤起的核心情绪是什么？一旦你发现了你表达的核心，你可以把它作为你的核心主题和核心动力。当你为新产品、服务、信息或演示进行头脑风暴时，选择一个简短有力的核心观点来传达你的想法，集中你的信息，并引发正确的情感冲击。

通过讲故事影响他人的第 7 条规则

把你的故事凝练成一个引人注目的观点，以传达你的核心信息。

讲故事的框架

图 5-6 展示了沟通中会用到的元素。

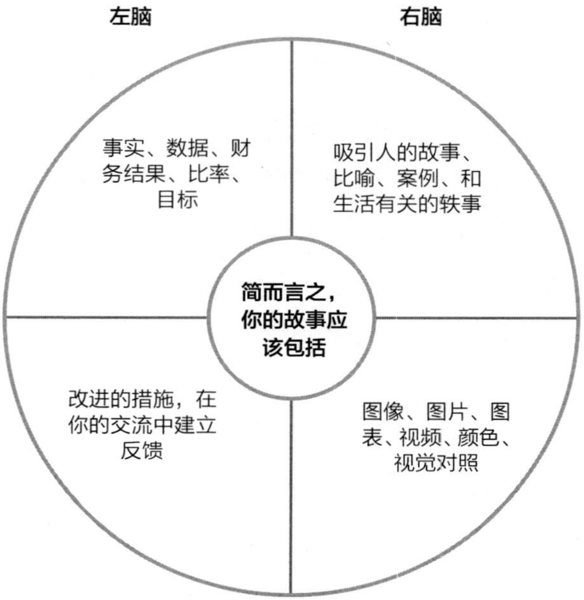

图 5-6　讲故事的框架——创建你的内容

简而言之的故事

想一想，你想表达的核心信息是什么？你希望你的受众理解并记住的最重要的一件事是什么？一旦你把故事总结成一个核心（情感）想法，你就有了一个完美的钩子，它将帮助你保持在正确的轨道上，你可以围绕它来构建你的其他信息。

左脑

支持你的核心观点的事实、数据和信息是什么？你的受众需要知道哪些重要的证据？你可以根据你的受众的具体情况来决定如何讲故事并陈述事实。比如，懂财务的高层人士会比员工想要了解更多的财务信息，所以你需要做到随机应变。

右脑

当你开始讲故事的时候，受众的情绪如何？你想让他们从哪里开始介入？你想引发他们的什么情绪？你的故事将如何激励和引导人们？

通过评估效果来增加你的影响力

收集关于你传达信息的反馈，并从中找出适合你受众的方法。有影响力的沟通者往往会在沟通中建立衡量标准，并据此改进。以下是一些从受众那里获得反馈的方法。

- 请人们在活动结束时填写一份简短的调查问卷，以获得即时反馈。
- 在活动结束后向人们发送在线调查的链接（可能带有引人注目的口号和促销机会）。
- 在演示或演讲后与人交谈，并获得个人反馈。
- 向值得信赖的顾问寻求诚实的反馈，并请他就你下次可以做得更好的地方提出建议。
- 如果你从事企业沟通方面的工作，请与同事举行焦点小组会议，以获得深入的反馈，并将此作为一个机会，了解哪些内容对他们有用。

- 与企业高级管理人员合作，评估他们在沟通方面的投入是否有助于改善业务。
- 提高客户满意度或提高员工的积极性和参与度。
- 设计年度在线员工调查，以定期评估和跟踪你的沟通情况，并将其作为年度沟通计划的一部分。
- 问问你的客户你做得如何，以及他们如何评价你向他们销售和服务的能力。

图片和视频

俗话说，一图胜千言，这是真的。所以，使用强大的图像来支持你要表达的信息吧！如果你要做报告或正式演讲，请使用一系列辅助材料来帮助你讲述故事，并带动整个演讲中的情绪。你可能想要加入精彩的视频、丰富的表情、生动的照片或音乐，以在观众中产生积极的情绪。

通过讲故事影响他人的第 8 条规则

使用图片来佐证你的想法，并为观众记住信息提供着力点。

大脑规则

1. 情绪故事具有黏性，有助于我们记住和回忆信息。
2. 故事会有一个人们熟悉的框架，利于我们理解和记忆。
3. 大脑更有可能质疑事实和数据，但会接受故事叙述中的“真相”。
4. 当生存受到威胁时，人们会发生很大的变化：杏仁核会触发人战斗 / 逃跑反应或冻结反应，因此要有意识地管理变革中的情绪。
5. 持续的不确定性会维持引发情绪反应及其心理和生理影响。
6. 变革中，员工会收回情绪能量，专注于自己的生存。
7. 持续的低水平杏仁核劫持会使大脑无法理性地思考，降低解决问题的能力，扼杀创造力。

重要提示

1. 把情感放在你故事的中心。
2. 使用平实、简单、针对特定感官的语言。
3. 使用框架和比喻来解释业务或技术概念。
4. 使用视觉图像来引发情绪并激励观众采取行动。

第六章

如何在不同场合影响他人

我没有特殊的才能，我只是有强烈的好奇心。

——阿尔伯特·爱因斯坦（Albert Einstein）

本章将告诉你如何在不同的场合影响他人。

- 提升影响力：心存好奇
- 如何通过电子邮件影响他人
- 如何提升会议效果
- 如何在公开演讲中提升影响力
- 如何通过电话会议影响他人

提升影响力：心存好奇

有影响力的人总是对他人有着无限的好奇心，他们乐于关注别人的想法、感受和决定。他们的注意力集中在观察、提问和学习上。当你对如何最好地利用机会、从挫折中学习或面对挑战深感好奇时，你就能快速学习到新知识，增加情绪弹性并拥有创造性的想法。而这些都是影响力的重要组成部分。

案例研究

在一项旨在观察好奇心的脑科学的实验中，乔治·洛文斯坦（George Loewenstein）和他的团队在参与者阅读琐碎问题时用功能性磁共振成像扫描他们的大脑。他们发现，当参与者处于好奇状态时，他们大脑的尾状核、前额叶皮层和脑回区的活动增加。位于新知识和积极情绪交叉点的尾状核，与多巴胺奖赏通路的部分紧密相连——换句话说，好奇心就像是大脑的一种奖赏，它植根于与对性、毒品和摇滚乐做出反应相同的神经通路。

我们需要通过许多不同的渠道来影响他人。电话、面对面、正式演示或推销——每个渠道都有其独特的挑战和机遇。因此，一旦我们对如何通过不同的渠道与他人沟通感到好奇，我们就可以选择正确的渠道，并确保我们用好它。

在不同场合影响他人的第 1 条规则

对如何更有说服力和影响力感到好奇。

如何通过电子邮件影响他人

科学家、心理学家、科技公司、健康专家和其他好奇的人都在谈论整个世界信息超载对我们大脑、身体和情绪的影响。大多数整天坐在电脑前的人都会理解精神病学家霍华德·哈洛韦尔（Howard Hallowell）所说的“注意力缺陷特质”是什么意思——员工平均每天收到约 100 封电子邮件，经理平均每天收到多达 300 封电子邮件，但其实每个人都认为其中三分之一是“不必要的”。毫无疑问，知识工作者很难保持专注，因为他们每天要花大约两个小时的时间来处理对他们几乎没有价值的信息。除了浪费时间，电子邮件还带给人们很大的压力。事实上，压力如此之大，以至于琳达·斯通（Linda Stone）发现，我们中的许多人都患有“邮件呼吸暂停症”（无意识地停止有规律的呼吸）——这是处理海量信息的一种生理反应。

信息过载对企业造成的损失也是巨大的：英特尔对其员工的研究发现，该公司由此每年产生的生产力损失达 10 亿美元。而惠普的研究发现，经常被打断的知识工作者的智商下降了 10 个点

（相当于吸食大麻）。微软的一项研究发现，当我们被电子邮件或电话铃声打断时，除去接收信息的时间，我们平均还需要 24 分钟才能回到我们正在做的事情上。因此，当我们把所有这些加起来时，企业和我们个人付出的成本都是巨大的。

现在许多人使用电子邮件或即时通信软件来销售服务或产品，加强或建立新的关系。他们工作中的大多数项目都是通过电子邮件和即时消息的来回切换来完成的。现在，即使坐在一起的人也习惯互相发送消息，而不是交谈。我们已经成瘾了。但如果我们想高效工作，最好是拿起电话或安排一次私人会面。需要注意的是，最近关于电子邮件最重要的研究发现之一是，它已被证明具有内在的负面偏见。如果你发送了一封你认为具有“积极”态度的电子邮件，对方会以“中立”的态度接收这封邮件，但当你发送一封“中立”的电子邮件时，对方很可能会以更消极的态度来解读。鉴于电子邮件经常被用来传递我们难以面对面传递的信息，其可能会造成误解，降低我们对他人的影响力。

我看不见你——我读不懂你的意图

数千年来，我们的镜像神经元系统足以通过微妙的身体和语言暗示解读他人意图，但电子邮件剥夺了这些线索，这使得我们很容易误读他人的意图（并让他们也误解我们的意图）。

有些人可能会给我们发一封简短的电子邮件，因为他们很忙，压力很大，但是，如果我们处于压力之下，或者希望得到不同的回应，那么很容易从中解读出更消极的意图。当我们需要一个快速的回应却迟迟没有收到回复时，随着一天天过去，我们开始思考：“他们收到邮件了吗？”“它是否被放到垃圾邮件箱中了？”“他们是否真的读到了这封信？也许他们错过了，现在它被埋在数百封新邮件中，未被阅读？”很快我们就会考虑是否应该发送一封后续邮件，但这会不会给人一种咄咄逼人的感觉？也许他们不在办公室，没有打开他们的邮件提醒？或许他们根本就忽视了我们。这种疑虑接踵而来。我们的大脑跟踪系统会一直处于活跃状态，以记住所有仍在等待回复的电子邮件的线程。这一切都需要认知空间和时间，而且会极大地分散注意力，让你无法专注于真正重要的事情。

请记住，有时正是你的电子邮件会对他人产生这种影响。下表给出了有效使用电子邮件的一些建议。

尊重——净化你的电子邮件	
减少	减少你发送的电子邮件数量——养成每次只发一封邮件的习惯 减少抄送的人（只抄送给那些绝对需要知道此事的人） 减少回复每封邮件时的焦虑——在一天中固定的时间打开电子邮件进行回复，而非“一直在线”
练习	锻炼你的双腿——多面谈。在去他人办公桌的路上理清思绪，做十次深呼吸，给大脑充电 锻炼你的大脑——与你的同事、客户和供应商交谈，无论何时对所有电子邮件都保持克制
缩短	缩短电子邮件的长度 尽量发送清晰、简洁的电子邮件

（续）

尊重——净化你的电子邮件	
手机	当需要快速得到回复以建立融洽关系时，给你的朋友、客户和同事打电话 当需要紧急做决策时，给你的老板和同事打电话——避免因等待而导致的决策延误
消除	消除电子邮件中的专业术语、冗余的废话和盲目的内容复制
减少	减少杂乱、复杂和冗长的电子邮件记录 当你有坏消息要说时，不要躲在电子邮件里面说，一定要当面告诉他人
思考	考虑到消极偏见规则，尽量让你的电子邮件更积极 时刻想着接收者的感受 通过结构来简化你的电子邮件，使其更清晰 考虑你发送的每封电子邮件会造成怎样的影响

在不同场合影响他人的第 2 条规则

电子邮件已被证明具有负面偏见，不利于传播影响力。因此，你需要有节制地使用它，并想办法让它变得更加积极。

关于电子邮件影响的提示：

1. 创建一个清晰、简洁的邮件标题，以便接收者了解邮件的目的、行动和他们需要满足的时间表。

2. 提过提炼要点和摘要来提升邮件的清晰度。

3. 邮件越短越好。

4. 在电子邮件顶部的框中列出需要执行的操作。

5. 回复一封让你生气或不安的电子邮件之前，至少花 24 个小时冷静下来。如有可能，通过电话或面对面解决问题。

6. 电子邮件不是万能的。如果想发送详细信息，请以书面形式传达给他人，或安排一个简短的会议或电话。

如何提升会议效果

我们经常把例会安排在同一天，同样的人在同样的时间里开会，议程也经常相同，所以很容易陷入重复行为的陷阱。问题在于我们得到的结果也是不变的。以下是无效会议的一些典型问题：

- 结果、目的或议程不明确。
- 邀请团队中的每个人参加，而不是那些真正需要参加的人。
- 认为会议是建立团队精神的一种方式。
- 开始较晚，超时，允许人们在胡扯中浪费时间。
- 召开会议，只不过是为了向团队介绍工作的最新进展。

你需要做的第一件事是明确并区分你参加的每一次会议是否和你想要实现的具体目标一致。首先，考虑一下你需要举行什么类型的会议。最常见的商务会议类型是“讲述式”会议，即人们向团队的其他成员介绍其特定领域的最新情况。这些是最没用的会议。会议的重点应该是让人们采取行动、做出决定或就项目、计划或提案提出自己的想法。所以第一步是要明确你开会的目的。下表描述了四种不同类型的团队会议及其行为表现。

告知 会议只是单向地传输信息。每个人轮流告诉其他团队成员他们一直在做什么 行为：人们感到情绪上的脱节和关闭。对会议没有兴趣，被迫参加 单向传输，孤岛式思维和行为 邀请：所有团队成员	**思考** 临时会议，让人们以最佳思维解决问题、挑战、设计新项目或讨论新机会 行为：人们感到精力充沛、被重视。讨论的目的明确。人们有动力参加 双向交流，协作，有洞察力 邀请：那些可以对业务的各个部分做出贡献的人
合作 协调项目、提案和活动的会议 行为：员工注重实效，及时更新团队进度并调整工作内容。人们有动力参加 双向交流、协商的、协调的任务 邀请：仅限项目团队成员	**决定** 召开特别会议，为业务做出重要决策。这是一个真正的领导团队会议 行为：人们专注于关键决策，觉得对结果负有责任 双向交流、决策性、战略性 邀请：仅限决策者

在不同场合影响他人的第 3 条规则

开会前，首先决定需要举行哪种类型的会议。

要想让你的团队意识到哪些工作做得好，哪些需要改变，并观察他们有多大的积极性，是否能够兑现承诺，请与你的团队一起解决这些问题：

- 会议是实现我们共同目标的最佳方式吗？
- 还有哪些方式更适合我们？
- 理想的会议是什么样的？
- 我们应该在会议上停止做什么？
- 在我们的会议中，有哪些工作做得不好？
- 我们应该在会议上讨论的最重要的事情是什么？
- 在会议结束时，我们想要获得哪些现在没有的东西？
- 在下次会议之前，我们每个人都要做些什么才能保持在正确的轨道上？
- 我们今天取得的最有用的成就是什么？

点燃会议激情的 6 种方法

这里有 6 种方法，可以让你的会议更高效。

1. 将每个议程项目作为一个问题。在会议开始前，让人们对每个议程项目准备一分钟的回答，以激发思考。

2. 简明扼要地列出每个议程项目。这有什么意义？这对他们有什么好处？你想让他们做什么？在会议中按此组织内容。

3. 在邀请与会者之前，问问自己只有这群人才能一起做出的决定是什么。如果你想建立团队精神和凝聚力，可以举行午餐会议或进行非正式的工作汇报。

4. 需要多久就开多久，速战速决。

5. 准时开始。不要跑题。准时结束会议。

6. 每次会议开始和结束时都要有简短的感谢。这有助于人们专注于解决方案，让他们在会议开始时放松下来，并以积极的情绪结束会议。

在不同场合影响他人的第 4 条规则

在会议中，关注参与者的情感需求。当人们感到被需要、被咨询和被尊重时，他们就会表现得更积极。

会议开始 / 结束时的答谢提示：

1. 哪些工作运行良好？
2. 你最近的成功是什么？
3. 你最自豪的是什么？
4. 作为一个团队，我们在哪些方面做得好？

5. 伟大团队合作的例子是什么？

6. 如果你必须用一个词来概括最积极的事情，那会是什么？

7. 在接下来的一个月里，你最期待什么？

（尽量缩短要求回答的时间：30 秒到 1 分钟即可。）

如何在会议上脱颖而出

如果你想成为在会议上最有影响力的人，请注意以下事项。

在会议中失去影响力的方法	在会议中赢得影响力的方法
定期举行相同时间、相同地点、相同议程的会议，并期望人们受到激励	想一想你与你团队举行会议的目的是什么：让人们了解最新情况（告知），收获好点子（思考），协调项目进度（协作），还是做出关键决策（决定）？
计划举行一小时以上的会议，议程无组织，无重点，也没有明确商定的结果	尽量缩短会议时间，人们都很忙。如果人们知道他们的时间被重视，他们就会反馈给你高质量的关注和贡献 组织会议时，你需要有条理，专注，并分配好时间
参会人员随意迟到或毫无准备	准时（或稍早）召开，做好充分准备并为会议贡献力量
忽视、嘲笑或批评他人的想法	支持他人的想法

（续）

在会议中失去影响力的方法	在会议中赢得影响力的方法
只顾表达不同意的态度，不尊重发言人，也没有替代方案	如果你不同意他人的方案，要清楚、理性地表达，并提出你认为可行的替代解决方案
与人交谈时，总是打断他人，或花太多时间在你感兴趣的话题上	做会议中最好的倾听者。认真倾听每个人的意见（不仅仅是老板或高层）
忽略他人感受，或表现出对他人情绪的抵触	适应整个会议的氛围，承认并尊重他人（以及你自己）的情感
注意力不集中，干与会议无关的事情，如看手机、查收邮件，在便笺簿上画画等	集中注意力，贡献想法和能量
无法与他人保持眼神交流。想一想，如果房间里的每个人都不与演讲者进行眼神交流，那会是什么样子	看着每一个说话的人，并与其进行眼神交流。这表明你真正在倾听，表现出兴趣、鼓励并与每一位演讲者建立融洽的关系
挑剔他人，或吝啬于发表自己的意见	感谢你的同事，感谢他们的工作和想法
不参与热烈的讨论	重视差异和辩论。能接受不同的意见，乐于参与自由辩论
把人们安排在一个不通风、没有自然光的房间里（如果你除此外别无选择，那就尽可能缩短会议时间）	尽量营造良好的会议环境，确保人们感到舒适。提供茶点、充足的水和新鲜空气（如果可能的话）。安排适当的休息时间，以提高人们的专注力

一对一的会议

在与你想要影响的人进行每一次重要会议之前，问自己以下问题：

- 这个人最看重什么？
- 他更喜欢以何种方式接收信息，是整体信息还是详细信息？
- 他最关心的是什么？
- 他想从我这里得到什么？
- 他如何看待我？
- 在做出决定时，还有哪些人可能很重要（如果你要请求他们支持或签署项目）？
- 如果我没有达成我的目标，我的退路是什么？
- 他的购买策略是什么？我怎样才能吸引他？
- 他的动机是想要（朝向）什么还是想要避免（远离）什么？

会议提示

1. 当你进入房间时，花时间与对方建立个人联系。

2. 做好充分准备。如果你不确定他到底需要什么，带上一份一页的总结和一份更详细的报告。

3. 准备一个积极的情绪状态。

4. 保持眼神交流和注意力集中。

5. 听，听，然后再听。

6. 问一些有针对性的问题，以确保你完全理解并获得所需的所有信息。

7. 保持放松的姿势，双脚踩在地板上。

8. 明确接下来的步骤。

让一切重回正轨

如果你正在与一个有过冲突的人会面，并且你想扭转你们之间的关系，那么可以使用下面这种简单、强大的方法。你可以和一位值得信赖的同事或朋友一起做以下练习，也可以自己做。

| 练习 |

进入一个安静的地方，并逐步完成以下过程：

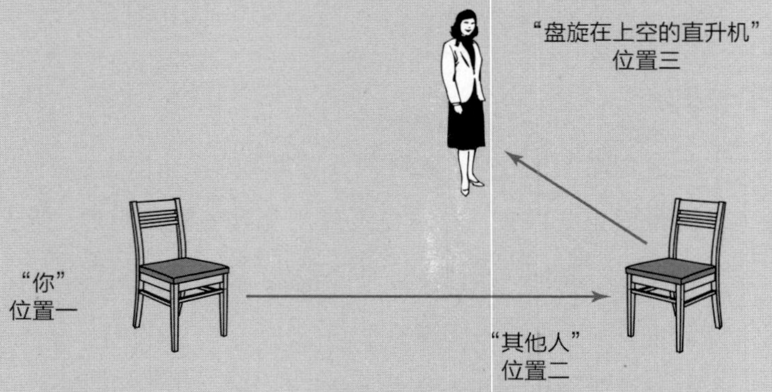

从不同的角度看待问题。

站在位置一，从你的角度回答以下问题：

1. 你想在会议中达到什么目的?
2. 关于这个问题，对你来说最重要的是什么（你的价值观是什么）?
3. 你最害怕什么?
4. 你如何看待他人（判断、批评、观点和意见）?
5. 你有什么信念?

去第二个位置，想象自己成为另一个人。

使用他们的手势、姿势和语言。从他们的角度回答下列问题。

1. 你想在会议中达到什么目的?
2. 关于这个问题，对你来说最重要的是什么（你的价值观是什么）?
3. 你最害怕什么?
4. 你如何看待他人（判断、批评、观点和意见）?
5. 你有什么信念?

下一步，进入第三个位置，也就是中立位置，花一点时间（富有想象力地）注意两个人（位置一和位置二）之间的行为、肢体语言、语调、眼神交流、能量、情绪和关系，就像你在远处看着他们一样。

从位置三的角度回答以下问题:

1. 关于这两个人的互动方式，你注意到了什么?

2. 他们有什么共同的价值观？

3. 是什么阻止了他们更深入地联系？

4. 为了实现他们的共同目标，你会给他们什么建议？

5. 需要改变什么？

如果你真诚、认真地做这个练习，你可能会对你的发现感到惊讶。给自己一定的时间和空间，这样练习会带给你丰厚的回报。和教练一起做练习效果会很好，你也可以假想有一名教练陪你完成练习（做练习时不要过于匆忙，或者假设自己已经知道答案）。只要认真去做，这个练习可以帮你发现之前错过的很多宝贵信息。

在这个练习中，最大的挑战是对他人可能发生的事情有一个真正开放的心态，并诚实地对待自己的感受。影响力是关于学习和成长的，而不是关于“完美”或超越冲突的。没有冲突，我们就无法学习和成长。一旦你从中获得了新的见解，你就可以谋划如何以更大的影响力和智慧来管理下一次会议。

如何在公开演讲中提升影响力

镜像神经元的作用

你听过这样的演讲吗？演讲者很紧张，低着头，快速读着发言稿，不敢与他人进行眼神交流？作为听众，你很有可能最终会感到不舒服，因为你的镜像神经元系统接收到了他们的焦虑感，而你开始反映出那些完全相同的情绪（见图 6-1）。恐惧的感觉在人与人之间瞬间传递，我们对恐惧的自动反应是逃跑。所以人们真的想远离那些让他们感到恐惧的演讲者。

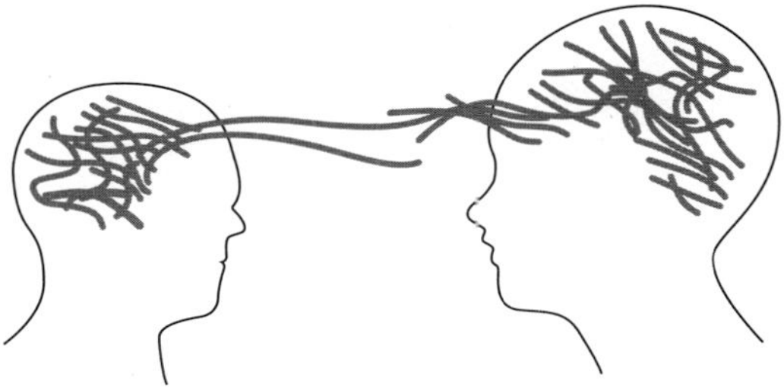

图 6-1　我们的镜像神经元系统帮助我们识别和理解他人的情绪

除非演讲者能够控制自己的情绪状态并回到正轨，否则听众很快就会开始讨厌他们，因为他们在不经意间制造了不愉快的情绪。无论你的演讲内容多么有趣或引人注目，如果你的听众感到不舒服或焦虑，他们就不会专注于你的内容——他们会进入“战斗 / 逃跑”模式，这将阻止他们的大脑思考，并促使他们离开。镜像神经元在一个双向反馈回路中运作。一旦观众变得焦虑、尴尬或不舒服，演讲者就会接到反馈，这只会进一步增加他们的负面情绪，从而使整个会议气氛快速、全面、情绪化地螺旋式下降。

害怕公开演讲是我们最常见的恐惧之一。这并不是说那些优秀的演讲者没有焦虑——只是他们花了更多的时间来准备他们的情绪状态。有影响力的演讲者之所以有影响力，不是因为他们的演讲内容，而是因为他们能够激发听众的积极情绪。

在不同场合影响他人的第 5 条规则

在演讲中，你的镜像神经元会将你的情绪传达给他人，所以一定要创造积极的情绪状态。

传递信息

那么，有什么策略可以帮助你轻松、自然地传递信息，并实现良好的传播效果呢？

轻松起步

对于演讲，最初的几分钟可能是最难的，因为你要热身并逐渐进入状态。写下你前 60 ～ 90 秒要说的话，这样你就能确切地知道自己想说什么。你可以对着镜子练习，把要说的话录在你的手机上，然后听你自己说。记忆研究发现，人们更容易记住他人演讲开始和结束时说的内容，而不是中间的内容。因此，你需要准备一个精炼且精彩的引言和结论，总结你想让人们记住的要点。

把控节奏

确保你的句子之间有清晰的停顿。当你停下来的时候，深呼吸，这将有助于缓解你的紧张情绪，创造一种平静的感觉。有一个清晰、镇定的开始会帮助你放松。

利用你的听众帮助你放松

紧张的演讲者通常很害怕直视观众。相反，他们会看着房间的后面，看着地板或演示幻灯片。但这会让他们显得与观众脱节，对观众不感兴趣。与人进行直接的眼神交流，有助于平息我们的“战斗 / 逃跑”反应，因为我们不是看着人山人海，而是看着真真切切的个人。

进行适当的眼神交流

我们都希望被他人看到，而眼神交流是承认他人存在的最快方式，能快速建立你和他人之间的同理心和融洽关系。

保持三秒钟的眼神交流，然后再转向下一个人。这一点很重要：不到三秒钟，感觉就像是匆匆一瞥，超过三秒钟，会让人感觉我们在盯着他看，这会触发人们的战斗 / 逃跑反应。在正式演讲之前，你可以就此进行练习。你应该把与尽可能多的人建立联系作为你的目标。

> **在不同场合影响他人的第 6 条规则**
>
> 在演讲中，与你的听众进行眼神交流，能帮助你放松并建立融洽的关系。

使用漂亮、吸引人的图像

这很容易做到——图像不仅仅是视觉线索，也是情绪线索，它们可以帮助你在听众中创造积极的情绪。当你切换幻灯片时，给观众一个安静的时间来看图像，停下来环顾房间，深呼吸，准备讲下一个要点。

巧用停顿

在你的演讲中加入停顿——片刻的沉默有助于平息焦虑，重新调整你的注意力，让你的听众有时间消化信息。

恰当地使用视频

互联网上有很多引人入胜、富有教育意义且鼓舞人心的视频。你可以找一个短片来帮助强化你的信息。人们的大脑喜欢变化，以不同的方式提供信息有助于听众记住信息，建立情感联系，并给你一个喘息、放松和准备的机会。

建立双向对话

为听众提供提问或交流的机会。有很多创造性的方法来重组谈话，让更多的人加入进来。创造性地思考你想要实现的目标，并允许自己另辟蹊径，找到不同的方法。从人群中脱颖而出，会让你的演讲与众不同。

问问你自己：

- 怎样才能让我和听众都感到轻松自在？
- 可以通过哪些有创意的方式来传达我的信息？
- 在这种情况下，什么样的表达方式最有效？

- 我的听众处于什么状态？我如何在情绪上吸引他们？

使用时间轴

我们每个人都有“时间轴”——一种对时间（过去与未来）进行分类并“定位”的认知方式，如事件、过去的记忆、未来的图景和想象。大多数人习惯于把过去的事情放在他们的左边。例如，如果你让他人回忆六个月前发生的一件事，他们会本能地把眼球转到左边（当他们在回想的时候）。当被要求想象未来将要发生的事情时，他们会将眼球（在想象时）向右移动。

人们还有其他认知处理时间的方式（例如，有些人会想象一条线从他们“后面”延伸并向前穿过他们）。但是，如果你的演讲是面向群体的，最好还是从左向右安排你的时间轴。一旦你了解了我们的大脑是如何处理时间的，你就可以在演讲时将其作为一个强大的工具来组织、强化你的信息。

在演讲中使用时间轴有以下几个好处：

- 明确区分重要信息。
- 清晰传达业务变化。
- 帮助受众在心理上对信息进行分类。
- 创造积极的情绪“锚”——成就、希望和成功。
- 分离并“控制”团队可能经历的负面情绪——失落、焦虑、迷茫等。
- 便于交流业务中的变化。

左边的	右边的
过去	未来
坏消息	好消息
不好的结果	期待的结果
问题、困难	计划、行动、解决方案
用逻辑表达	讲故事，打比喻
一个部门、一个站点、一个业务	另一个部门、站点、业务
旧产品、服务	新产品、服务
智力知识	技能、行为
	行动号召

利用好舞台

在演讲中，你可以将舞台作为工具，来调动听众的情绪。你可以在谈论挑战或难题时站在舞台上的某个区域，而在谈论未来的解决方案或行动时有意识地转移到另一个区域。这将帮助人们对你传达的信息进行分类，并创建不同的情绪锚点，让你的受众在无意识中感受到你的情绪和动机。

你可以通过使用各种视觉辅助工具来增强效果。比如在不同的区域或阶段悬挂不同的活动挂图（见图 6-2），采用不同的 PPT 背景、在墙壁上张贴不同的展品或使用不同颜色的笔。

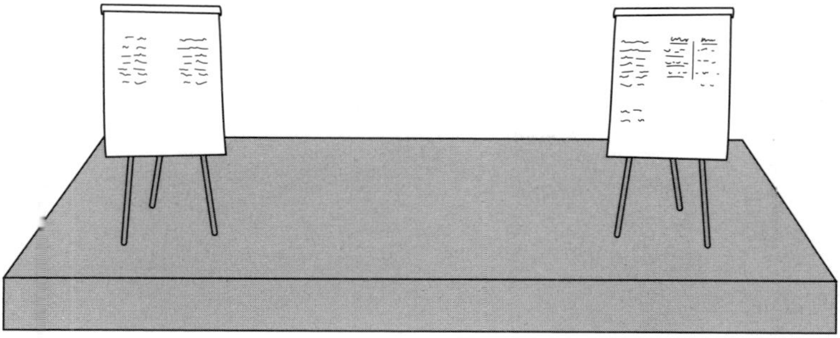

图 6-2　使用物理空间来强化你的信息

以下是演讲中的一些注意事项。

在演讲中失去影响力的方法	在演讲中获得影响力的方法
毫无准备，未做清晰、结构化的规划就贸然开始演讲 **风险：你很快就会失去听众的注意力　给人一种杂乱无章的印象**	准备演讲开场时最初 60~90 秒的文字，把它写下来，对着镜子练习。之后把你所说的话录在手机上，回放给自己听 **结果：你会由此感到自信，并有一个良好的开端**
缺乏与听众的眼神交流。从人们的头上看向房间的后面 **风险：你无法与听众建立情感联系**	与听众进行眼神交流。这会让你的心情平静下来，与听众建立联系和共鸣。与每个人保持三秒钟的眼神交流（时间太短，无法产生交流效果，时间太长，会让人感到不自在） **结果：这会让你的心情平静下来，与听众建立联系和共鸣**

（续）

在演讲中失去影响力的方法	在演讲中获得影响力的方法
在舞台上不停地走动，试图避免与他人进行眼神交流，想通过这个方法让自己冷静下来 **风险：你看起来很紧张，这会分散听众的注意力**	在舞台上找到一个舒适的位置，在演讲的大部分时间里，保持平衡的姿势，站着不动 **结果：这使你更庄重和权威**
你总是把身体的重心放在一条腿上，把手放在口袋里或放在背后，靠在桌子上或者站在讲台后面 **风险：你看起来过于随意，很紧张**	双腿均匀站立。在手里拿点什么东西，以防止你把手放在口袋里 **结果：你看上去更有力量感，更自信**
把幻灯片上的内容照本宣科地读出来 **风险：你失去了影响力。这种阅读方式会分散听众的注意力**	你的每页幻灯片不应超过三个简短的项目符号。让观众按照自己的节奏阅读幻灯片 **结果：你的听众能够集中精力，获取信息**
你和你的听众一起看幻灯片 **风险：你错过了与听众交流的机会**	让你的听众有时间阅读和消化信息。短暂停顿，看着你的听众，深呼吸，保持与他们的交流和联系，等待他们的目光回到你身上 **结果：你有时间放松、喘息和为下一步做准备**
你的幻灯片上有很多密集的文字，你希望你的听众在你演讲的时候阅读 **风险：听众会感到困惑和厌烦**	人们不能同时听和读。所以，要把复杂的信息放在纸制讲义上 **结果：你的听众会感到放松和投入**
你说得很快，没有足够的停顿 **风险：你的听众感到匆忙和焦虑，他们无法吸收你的信息**	呼吸和停顿让你和你的听众有时间思考和消化你的信息 **结果：你和你的听众都感到放松和平静，你可以持续地产生影响力**

在不同场合影响他人的第 7 条规则

在演讲中，利用舞台、空间来强化你的信息。

关于演讲的提示：

1. 如果你有一个重要的演讲，可以找专业的发音和形体教练来帮助你准备，并从他们那里获得专业的反馈、建议和支持。

2. 在你的朋友或同事面前练习你的演讲，并寻求诚实的反馈。

3. 在互联网上观看优秀的演讲视频，注意他们如何与听众建立联系。

如何通过电话会议影响他人

电话是影响他人的一个很好的渠道，因为它让你有机会与他人建立互相理解、融洽的关系，并从他人那里获得反馈。这也是一个你通过声音传达影响力的机会。许多组织依靠电话会议将虚拟团队联系在一起。很多指导都是通过电话进行的，我们也都需要在一对一的电话中进行销售、说服和影响。以下是一些在电话会议和一对一电话中失去和获得影响力的方法。

电话会议	
在电话会议中失去影响力的方法	**在电话会议中获得影响力的方法**
不清楚你想从电话会议中获得什么	清楚地知道你想从电话会议中得到什么，目的明确
迟到或没做准备，打断整个会议节奏	永远准时。成为第一个在线的人，这样你就有时间放松，并在人们加入通话时与他们打招呼
觉得自己可以边开会边打字，忙着接收信息或电子邮件，在你做其他事情时将手机设置为静音	对电话会议与实体会议一视同仁。找个舒服的座位，专心听电话
电话会议	
忘了都有谁来参会	在一页纸上画一张表格，写下每个参会者的名字，想象他们就在房间里。当你需要获得有关想法或决策的反馈意见时，这将有所帮助
长时间发言，并期望其他人保持专注（这条规则适用于所有会议）	发送导读并将议程以问题的方式提出，供人们在通话前思考
认为电话会议和实体会议是一样的。但其实电话会议永远不能取代面对面的会议。每年应该至少聚会一次，以建立团队的理解、凝聚力和团队精神	认真对待电话会议，尽量缩短电话会议的时间，并认识到这需要听众更加专注

（续）

一对一电话	
在一对一电话中失去影响力的方法	**在一对一电话中获得影响力的方法**
迟到或没有准备	永远准时。事先想好你希望对方在通话后的想法、感受和行为
认为对方无法捕捉到你的情绪暗示	准备好你的情绪状态：积极、充满活力、专注和投入
即使约定好了时间，还在电话上超时	总是按时结束。如果对方想继续，允许他们邀请你继续通话。假设对方有另一个会议要参加，珍惜对方给你的时间
一对一电话	
语速过快，内容单调	表达时注意抑扬顿挫，尤其是在电话中，因为它是你最有力的影响工具。调整好你的音调，吐字清晰
漫无目的地胡扯，让人搞不清楚你想要什么	简明扼要地表达，珍惜每一分钟

在不同场合影响他人的第 8 条规则

在电话中，让你的声音成为表达情绪、理解和同情的工具。给坐在电话对面的人同等程度的关注。

大脑规则

1. 信息过载会降低人的记忆力、创造力和决策能力：
    - 简化、缩短、总结。
2. 镜像神经元能够传播情绪：
    - 通过调整你的情绪状态来影响他人。
    - 关注他人并用积极的方式转变他们的情绪。
3. 战斗 / 逃跑模式会导致大脑停滞：
    - 首先让你的听众放松并进入副交感神经模式。
    - 讲故事并使用比喻来说服和激励他人。

重要提示

1. 设定你的目标，然后安排计划实现目标。
2. 全情投入（尤其是在会议或电话中，当你很想走神的时候）。
3. 记住，情绪能推销一切。使用故事、比喻和图像，说出自己的心声。
4. 练习在本书中学到的方法。尝试新事物，看看什么最适合你。
5. 每天练习一点正念：它会训练你的大脑保持冷静和专注。
6. 享受会议过程。

第七章

如何在高压情况下影响他人

人们会忘记你说过的话，忘记你做过的事，但永远不会忘记你带给他们的感受。

——玛雅·安吉洛（Maya Angelou）

本章将教你如何在压力和具有挑战性的情况下发挥影响力。

- 如何影响难相处的人
- 情绪崩溃时怎么办
- 时间紧迫时如何有效地影响他人

如何影响难相处的人

我们都不得不和我们觉得难相处的人打交道。有时是你觉得阻碍你进步或吹毛求疵的老板，有时是似乎永远不会满意的客户，或者是总视你为眼中钉的同事，但管理这些具有挑战性的关系既是对影响力的考验，也是提升我们自身影响力的大好机会。事实是，我们很容易影响与我们一样的人，但当我们深入挖掘并找到新的技能来应对那些不好相处的人时，我们的能力才真正发挥作用。

如果你在给一家公司打电话时感到沮丧和恼怒，而电话另一端的人能够让你平静下来，那么你就体验到了一个有同理心、有沟通技巧的倾听者的语言艺术。或者当你认为你已经穷尽了所有的可能性时，有人给了你一个新的视角，帮你找到了解决方案。或者问了你一个简单的问题，却突然改变了你的一切。这些都是你周围可能出现的有影响力的人，他们在人生的道路上不断练习、适应和学习。

在压力下发挥影响力的第 1 条规则

培养自己的灵活性。勇于尝试新行为、新方法和新思维。

首先从你开始

面对“困难”，你需要弄清楚为难你的点是什么。是你认为难相处的人所说的话吗？是他们的语气吗？还是他们正在做的事情？一旦我们给他人贴上难以相处的标签，我们就可以开始在脑海中琢磨如何改变现状。

所以，首先从你觉得有挑战性的具体行为开始，这有助于你区分积极的行为与你发现的困难。这个人什么时候会好相处一点？其他人会觉得他容易相处吗？别人是怎么做到的？但首先，重要的是看看我们自己的行为中是否有可以改变的东西，因为从自己开始会容易得多。

触发点

有时周围人的行为会触发我们无意识的情绪反应。比如，你可能和一个兄弟姐妹一起长大，这个兄弟姐妹非常傲慢，常惹你生气。长大后，会有人无意识地触发了你与那个兄弟姐妹的联系。或者你的父母过于挑剔，对你的任何努力不屑一顾，你觉得你的老板也是如此。

想想是什么情绪或记忆触发了这种情绪反应。他们会让你想起其他人吗？如果是这样的话，你能做什么呢？

校准回路

校准回路是一种反应方式，它被深深地编码到我们大脑的神经通路中，因为我们从小就在反复经历这些回路。例如，你的老板可能在和你说话时用和你父母一样的语调（记住，对许多人来说，老板会无意识触发父母的形象）。在那一瞬间，你的大脑沿着熟悉的神经通路运行，它在你的前半生一直在运行，在你意识到这一点之前，你会感到有戒心，并开始争论。如果你的反应是防御性的，除非你的老板有很好的情绪调节能力，否则他很可能会变得更加苛责（这点更像父母），这可能会激发你更强烈的想要争论的感觉。

要知道，我们的情绪（通过我们的镜像神经元系统）是双向反馈系统，一个人的反应会激发另一个人的反应，形成一个不断升级的螺旋。我们有时会重演“人生剧本”，因为别人的所作所为在无意中触发了我们孩童时代的经历。

你有没有想过，为什么一句无心的评论有时会引发一场激烈的争论。最有可能的是，与其说是因为说了什么，不如说是情感上的敏感问题引发了无意识的反应。因此，如果这种情况发生在你觉得难以相处的人身上，你需要找到一种方法来跳出这个圈子。

我们有很多方法可以解决这个问题，但同一个解决方案并不适用于所有情况。有时，这取决于你的情绪触发强度，或者取决于对方的反应强度。没有两个人或两种情况是完全相同的，所以请找出特殊情况下最适合你的方式。如果你尝试了某个方法，但它不起作用，那就试试另一种方法。请记住，影响力是一系列技能、行为和态度，需要反复琢磨和练习。

在压力下发挥影响力的第 2 条规则

跳出校准回路。

以下是你可以使用的情绪调整方法。

调整方法 1：管理你的情绪状态

如果你发现与一个重要的人之间存在类似情绪的触发，在你下次见到那个触发的人之前，先确定你的意图。记住镜像神经元系统的强大作用，它可以将你的情绪无声地传递给对方。因此你要思考在这种情况下，什么情绪状态最有用。选择尊重他人（即使你不喜欢他的某些行为）是一个很好的开始。尊重在你们之间创造了一种开放的情绪状态。你也可以先对对方说一些感激或积极的话，这会让他们从一开始就放松下来。在语言上表示赞赏，相当于在行动上摊开双手接近他人（表明你没有武器），这将帮助他们敞开心扉接受你。

在压力下发挥影响力的第 3 条规则

拥有最强烈情绪的人也最具影响力，因此在选择情绪状态时一定要慎重。

调整方法 2：积极的意向

从深层次上讲，我们所有的行为都来自积极的意图。作为孩子，我们通过建立思考和行为的习惯来学习如何生存。对一些人来说，用攻击来回应已经成为一种防御形式。愤怒的反应可能是保护他们免受攻击（恐惧）的一种方式，而批评和控制则是重新获得安全感的一种方式。

想想是什么驱使一个人的行为。他们害怕情况失控吗？害怕被当成傻瓜？害怕丢脸？害怕失去工作或职位权力？在某种程度上，我们所有的行为都是出于生存的需要，当我们记住这一点时，我们就会产生同情心，而不是对他人的行为进行评判。通过他人的眼睛看世界，并由此产生强烈的好奇心，有助于你在情绪上退后一步。问问你自己："我的所作所为真的正确吗？"你可能会对自己的发现感到惊讶。你可能会对情况有新的看法。好奇心会帮助你在做选择时懂得变通。

在压力下发挥影响力的第 4 条规则

看到他人背后的情绪，恐惧和焦虑等负面情绪可能是问题所在。

调整方法 3：成为观察者

如果你发现自己陷入了强烈的负面情绪，试着跳脱出来，想象你正从人群上方看着自己和其他人，就像你从天花板上的摄像头看到的情况一样。这是一种从强烈情绪中解脱出来的有效的方法，会阻止你陷入消极的漩涡。

成为一个观察者能帮助你注意到你与他人之间正在发生什么。

也许你会注意到你的身体突然变得非常紧张，或者你中断了眼神交流，看着窗外。一旦你注意到了自己的肢体语言、语调和情绪，你就可以选择改变它们。只有当我们没有意识到负面情绪的力量并陷入它的陷阱时，才会进入恶性循环。现在，移动你的身体，移动，站起来。休息一下，喝杯水。做任何你想做的事情，花点时间转移注意力，来帮助你重回正轨。

在压力下发挥影响力的第 5 条规则

退后一步，成为一个观察者，避免陷入消极的情绪漩涡。

调整方法 4：实话实说

另一个策略是客观地说出正在发生的事情。例如，面对争论，你可以说："我们似乎在争论一些对我们双方都很重要的事情。""我们如何才能回到正轨？"或者，"我注意到我们处理这个问题的方式不太一样，为什么不看看我们如何才能找到共同点？"这种说法方式可以将你的注意力从谈话的内容转移到谈话的方式。

这是一种强大的技能，可以放在你的影响力工具箱中。这么做需要勇气，因为人们更习惯于否认可能存在潜在的和未解决的冲突。除非我们有勇气面对正在发生的事情，否则我们注定会重复同样的行为，得到同样的结果。如果你注意到谈话陷入了消极模式，考虑一下你是否可以打断这种行为模式，建立一种更富有成效、更积极的关系。当你发表客观的评述时，可以使用自由预设。比如，上面的例子包含了这样的前提，即“回到正轨”是可能的，你们“有共同点”，你们可以一起解决这个问题。

在压力下发挥影响力的第 6 条规则

使用积极的预设将注意力转移到积极的结果上。

调整方法 5：坚持自己的立场，但不反对对方

有些时候，施展影响力是通过坚持你自己的立场来实现的，而不是反对他人。你有没有得到过惨痛的教训？有没有人告诉过你一个真相，让你走上一条新的道路？这才是真正的影响力。但如果其他人职位高于我们，或者我们依靠他们生存（老板、老师或权威人士），那么能做到非防御性的、积极的反应就是一种挑战了。面对这些权威，我们的反应可能是战斗——变得咄咄逼人或处处设置阻碍；逃跑——避开这个人，甚至辞职；或冻结——无法回应或采取行动。

｜案例研究｜

我自己在重大情感冲击下的习惯是进入冻结状态——听不到他人说什么，不能理智地思考，甚至看不清楚东西。所以我必须学习一种新的回应方式。当我和一个习惯于欺负、批评和扮演“老大”的人一起工作时，我得到了锻炼的机

会。那次，我见到了一位很棒的教练，他鼓励我态度平和而坚定地与这位同事进行一次谈话，告诉她，她的行为是不可接受的，我不会再容忍这种行为。这对我来说真的很难。多年来，我已经习惯了自己的冻结反应，一想到要回到狮子的巢穴进行另一场撕咬，我就感到恐惧。我需要练习和准备我的情绪状态。我想象谈话按照我希望的方式进行，并练习言简意赅，避免陷入辩解、争论或批评。当这一天到来时，这对我来说仍然是一个巨大的挑战，但这是我上过的最好的一课。我学到了一种新的行为技能，并意识到如果我有勇气做成一次，我就可以在其他需要的时候再做一次。我还了解到，培养信心和影响力是循序渐进的过程，最艰难的挑战往往是最好的学习过程。

如果你确实面临一个巨大的挑战，可以请你的朋友帮助你练习，以应对挑战。告诉他们你认为其他人可能会如何回应，会出现哪些不同的情景，就此你可以为可能发生的事情做更多的准备。

让你的朋友就你给人的印象给你诚实的反馈，包括你的肢体语言、语音语调、眼神交流以及你的话语。留意你交流中的非语言信息，并思考如何使用这些信息来积极影响互动。你越多地练习想说的话，当你面对挑战时你就会越自信。注意保持尊重而坚定的态度。练习过后，当你直面挑战时，你可以想象你的朋友就陪在你身边支持你。

在压力下发挥影响力的第 7 条规则

坚持自己的立场，但不要反对他人。

调整方法 6：寻找共同的价值观

寻找你与他人所共有的价值观。在价值观上找到共同点可以帮助你和那个人重新建立联系，彼此更加理解、融洽。在你下次与这个人见面之前，花点时间问问自己：

- 对他来说真正重要的是什么？
- 你们两个都想要实现什么？
- 你们是否有共同的目标（完成一个项目、使你的企业成功或将一个想法变为现实）？
- 你能否专注于你分享的价值观，以构建你与他们的对话？
- 当你影响他人行为时会出现哪些其他状况？他们所承受的压力会使他们做出消极的反应吗？

在压力下发挥影响力的第 8 条规则

保持开放的头脑和开放的心态。

调整方法 7：创建中间点

如果你面临的是一场高风险的会议，面对面与他人交流时保持眼神交流会让你感到紧张，并引发“战斗 / 逃跑”反应，你可以选择和他并排坐在一起进行交流。这样做可以建立一个中间点，你可以把一份报告或文件放在你俩中间一起审查。如果你需要讨论合同分歧，你可以在谈论有争议的问题时使用实物合同的副本。

这么做有助于你们将分歧放在合同上，而不是放在对方身上。当情绪高涨时，你可以与他人并排坐着或站着，这有助于减少眼神接触，降低威胁感，但由于你们在身体上很亲密，你们仍然可以保持融洽的关系。

肩并肩走是另一种创造中间点并建立融洽关系的方式。如果你在工作，可以去大自然中散步（当地的公园就可以），或者去咖啡店。散步能将氧气释放到你的血液中，帮助你的大脑更清晰地思考；减少你体内的激素皮质醇和肾上腺素；减轻压力，消耗一些紧张的能量。你可以刻意配合对方走路的步伐，与他们步调一致，以在你们之间建立更强的联系感。

在压力下发挥影响力的第 9 条规则

与他人交流时，通过创建中间点来平静情绪，同时保持与对方的联系。

情绪崩溃时怎么办

有些时候，当我们暂时无法使用上述任何一种策略时，我们会经历所谓的情绪崩溃，因为我们陷入了一种原始的、压倒性的情绪反应。那么，是什么导致了这些破坏性的反应，我们又能做些什么呢？

当我们感觉自己受到攻击时，会陷入情绪崩溃，这是一种生理应激反应，是我们对威胁的进化生存反应，虽然它在我们面对捕食者时很有用，但在现代世界中，强烈的压力反应会阻止我们清晰地思考并做出适当的反应，还会让我们陷入强烈的焦虑、恐惧或愤怒中。

现代情绪崩溃的典型例子就是那些走在路上愤怒的人所爆发的非理性和极端的攻击行为。当人们处于这种情绪中时，他们的大脑会向血液中释放肾上腺素，从而使心率增加到每分钟90~100 次左右。呼吸加快，消化减慢，大脑和身体因压力荷尔蒙而超负荷（人们经常感到“身体不适”）。在紧张的情况得到缓解之前，心率仍然很高，身体继续分泌肾上腺素，人们仍然处于“红色警戒”状态。在神经递质重置系统和心率恢复正常之前，身体需要大约 20 分钟的时间。由于我们中的许多人每天都会经历压力，我们的压力承受能力会随着时间的推移而降低，我们会更快地经历更强烈的压力反应。那么，这时我们能做什么呢？

如何应对

面对情绪崩溃，最好的应对措施就是卸下所有压力。把这些情绪想象成一场洪水：会泛滥，也会消退。

我们通常需要一两天的时间才能从强烈的情绪波动中恢复过

来。但我们可以通过做一些事情来帮助大脑恢复平衡，并重新调整身体的生理机能，从而加快情绪恢复的速度。

如果你是一个团队的领导者或管理者，而你的团队成员陷入情绪崩溃，那么你一定要通过减轻压力来帮助他们重新获得情绪平衡。虽然处理这种状况对人们来说是痛苦的，但却是一个真正的领导者发挥情绪意识和洞察力的绝佳机会。在工作中处理强烈的情绪是在团队中建立信任、安全、忠诚和承诺的一种方式。我们怎样做才能减轻压力，提升我们的情绪弹性呢？

锻炼

高强度的有氧运动会消耗肾上腺素并帮你恢复情绪状态。运动可以很好地释放暴怒的情绪，并有助于使身体平静下来。如果你感到压力特别大，运动也会帮你更快入睡。

冷静下来

有时候对别人倾诉也会将你困在崩溃的情绪中，因为每次诉说都会让你重温痛苦的经历。当我们心烦意乱时，我们往往会自我防卫，想要“责怪”对方。所以，你可以花些时间独处，或者和一位值得信赖的朋友交谈。这位朋友需要有冷静的头脑，能给予你支持，帮你回到一种更理智的情绪状态。

转变视角

当你处于糟糕的情绪中时，请花些时间静静地反思一下，想想你所做过的成功的事情，想象自己下次会做得更好；提醒自己失败是一种学习机会，它会让你变得更加有影响力，并且问自己以下问题：

- 在这件事中，具体的触发因素是什么？
- 你对他人的行为、言语或手势赋予了什么含义？你得出了什么结论？
- 回忆一下，以往你用这种情绪回应时，与这次的事有没有什么共同点？
- 有没有可能你的情绪触发是由于唤醒了过去不好的记忆引起的？

在压力下发挥影响力的第 10 条规则

重新调整你的大脑，然后花时间反思和计划。

回到正轨

有时候，重要的关系只是有点偏离轨道，如果这些人对我们的成功和实现我们的目标很重要，我们可以腾出时间让关系重回正轨。你可以用一个敏锐的问题来开启你的谈话，比如：

——对于我们而言，事情似乎有点偏离轨道，我们怎样才能回到正轨？

——你需要我做些什么来帮助我们建立更好的工作关系？

——我们如何才能最好地实现我们的共同目标？

——我们如何建立更成功的工作关系？

——我们完成这项工作所需的基本原则是什么？

——如果我们不能让关系回到正轨，企业（家庭、团体、团队）会有什么风险？

——你希望我做的事情中有没有被我忽略的？

——我们有没有一直回避那些可以帮助我们获得成功的方法？

通过对话解决问题或冲突是一种有积极影响的技能。一旦掌握这些谈话技巧，你就能成为一个积极、善解人意和勇敢的人。

在压力下发挥影响力的第 11 条规则

做能开启艰难对话的人，逐步提升自己的影响力。

时间紧迫时如何有效地影响他人

所有人都遇到过这种情况，我们花了几个星期的时间来准备会议、谈话、演示或销售机会，而对方却迟到了，早退了，或者减少了原定的会面时间。人们很容易会由此陷入恐慌、沮丧、愤怒或失望。所有这些感觉都会妨碍你，削弱你传达信息的能力。但你要知道，会议越重要，制定 B 计划就越重要，因为我们知道 A 计划经常会偏离轨道，尤其是在与重要客户或企业高层会面时。

你能做些什么来争取最好的结果呢?

记住，你越放松，你的注意力就越集中，就能更好地倾听他人，并给他人留下一个积极的印象。如果你与他人的会面被缩短，你还有增加后续会议、电话或对话的机会。记住，我们积极影响他人的能力并不取决于我们拥有的时间，而是取决于我们与他们相处的质量。

在压力下发挥影响力的第 12 条规则

慢，就是快。暂停，有时会带来回报。

处理压力的技巧:

1. 让身体尽快回到副交感神经状态。深呼吸可以将催产素释放到你的血液中，这是减轻压力最快、最简单的方法之一。一旦你开始深呼吸，你的头脑就会变得清晰。

2. 意识到你的两个大脚趾在地板上，把你的注意力集中在它们如何与地面接触上，当你呼吸时感受你的肋骨的运动，以此放松身体。

3. 完全接受现状。你不能改变它，但你可以改变你对它的态度。告诉自己这就是注定要发生的事。这完全是个谜，但出于某种未知的原因，这是最好的结果。以这种方式思考会回到思想和感觉之间的积极反馈循环，并给你一种乐观的感觉。

4. 如果你与对方接触的时间只有几分钟，直接去建立关系（忘记所有的事实和数字）。和他们握手，直视对方的眼睛，并保持三秒钟的眼神交流。当你保持眼神交流时，你才能真正"看到"对方。为了帮助他们重新获得轻松的感觉，特别是当他们处于压力之下时，要表现出你对他们处境的理解和同情。

5. 越是重要的会议，越要做好万全准备。把你的信息浓缩到一页纸上，或者用一个图表来总结你的意图。简要地说明你的产品的"框架"，准备好你的电梯演讲。

6. 问问题："鉴于时间紧迫，你需要从我这里得到的最重要的东西是什么？"或者，"什么会对你最有帮助？"

| 练习 |

NLP（神经语言学编程）可以帮你建立你的情绪弹性工具包，这样你就可以更好地发挥影响力。当你面对一个很难相处的人或一个困难的局面时，你可以使用它。或者，你可以每天花 10 分钟来建立情绪弹性和自信的新习惯，帮助你保持现状，反应迅速，并能够采取正确的行动。

1. 找一个安静、私密的空间，在地板上画一个假想的圆。
2. 站在"圆圈"外面，回忆你希望在这种情况下最想拥有的情绪状态（自信、平静、清晰、有好奇心、兴奋等）。选择最能帮你达成心愿及对你来讲最正确的情绪。

3. 走进“圆圈”，闭上眼睛。
4. 感受此时的情绪，回忆何时这种情绪最为强烈。感受你的身体中所有能与这种情绪联系在一起的感觉，看看是否有颜色、声音或感觉与这种情绪有关。如果有，请加强这些事物。把自己想象成一部电影的导演，你的头脑中可以出现任何元素——色彩、声音和感觉。
5. 当你感觉自己处在那种情绪中时，把你的拇指和食指按在一起几秒钟来“确定”这种感觉。
6. 走出“圆圈”并选择另一种强烈的情绪，然后进入“圆圈”，重复上述过程。
7. 走出“圆圈”，选择对你有帮助的第三种强烈的情绪状态（你可以尽量多地去选，但至少找到三种才能帮你建立积极的情绪）。步入“圆圈”，确定下一种感觉。
8. 将该练习持续几天（或几周），为在压力下发挥最佳状态做好准备。

大脑规则

1. 在压力下，自动的心理习惯会被触发。
2. 其他人可能会触发我们过往不愉快的回忆，让我们情绪低落。

3. 所有的行为都有一个积极的意图：避免恐惧、痛苦或不安全感——这些都是人类的生存机制。
4. 我们可以训练自己的反应，而不是改变大脑（神经可塑性）。

重要提示

1. 如果你能改变情绪，你就能改变结果。
2. 首先检查你自己的反应。
3. 你可以通过打破循环走出自动行为。
4. 不断尝试，善待自己，不断实践。

致谢

我要感谢所有影响过我的人，同时感谢这本书的发行人。我永远感谢卡罗琳·格莱德，是她给了我写这本书的机会，并在整个过程中给予我帮助和鼓舞，是我真正的朋友。还要感谢塔玛拉·拉塞尔博士与我分享了神经学方面的知识，并对这本书的成型提出了真知灼见。

致我在澳大利亚的家人，你们无时无刻不与我同在——特别是李，你是最好的倾听者，永远都在支持我。安、彼得、罗博、克里和伊丽莎白，感谢你们的爱和支持。盖尔·安·多西，你永远都在激发我的创造力。感谢丽莎·詹宁斯这些年所做的一切。致我在英国的家人，路易丝一直是我最坚定的支持者；西恩、伊冯、丽斯、海伦·C、海伦·W、黛安、梅根和艾比，感谢你们的抚慰和支持。

还要特别感谢培生集团的埃洛伊丝。对于第一次写书的人来说，你是最好的责任编辑。没有你的鼓励、引导和支持，我可能已经放弃了。感谢娜塔莎·维兰的一路陪伴，感谢海伦·麦克法迪恩精湛的编辑。

最后，我想回到我出发的地方，感谢我的妈妈。她是一位真正的艺术家，一位伟大的支持者，也是对我人生影响最大的人。

《掌控对话：高效的沟通技巧》（原书第4版）

ISBN：978-7-5151-0841-4
定 价：79.00 元

美国上百所名校给年轻人的沟通指南，职场百万学习者使用的人际沟通策略，人际、沟通、表达三部曲，深度沟通的底层逻辑。

《有效交际：人际关系的奥秘》（原书第15版）

ISBN：978-7-5151-0844-5
定 价：99.00 元

美国上百所名校给年轻人的交际指南，构建良好人际关系的黄金法则。我们的每一个选择都深刻影响着信息传递的效果，更在无形中塑造着你与他人之间的关系。

《自信表达：演讲家的十项修炼》（原书第7版）

ISBN：978-7-5151-0840-7
定 价：89.00 元

畅销 20 年，更新至第 7 版的美国经典演讲教程，职场百万学习者使用的公开演讲准备手册，人际、沟通、表达三部曲，遵循本书提炼的十个步骤，你也能变身演说家。

《相处之道：如何与难相处的人共事》

ISBN：978-7-5169-2581-2
定 价：69.00 元

本书介绍了八种难相处的同事类型，让你深刻了解各类同事的心理和动机，找到适合自己的相处方式，轻松处理与任何同事之间的冲突。

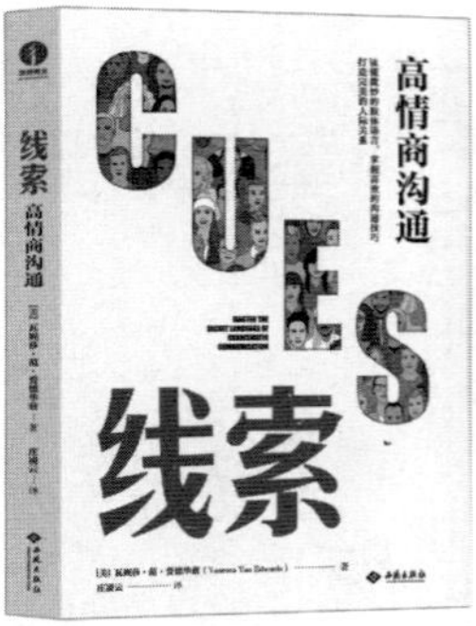

《线索：高情商沟通》

ISBN：978-7-5151-0881-0
定 价：69.00 元

本书帮你精准捕捉他人的肢体语言，读懂对方的情绪，快速赢得他人的信任，提升沟通效率。从着装、动作、声音等小线索提升你的形象价值、影响力、领导力和个人魅力。

《沟通的技巧：故事的魔力》

ISBN：978-7-5043-8999-2
定 价：89.00 元

会讲故事是一个人的核心能力，也是一个公司的核心竞争力。本书介绍了爱彼迎、德芙、网飞、苹果、沃尔玛、亚马逊等公司都在运用的故事理念。

《网络心理学》

ISBN：978-7-5169-2725-0
定 价：79.00 元

本书旨在帮助读者深入了解消费者心理，剖析消费者行为背后的真实动机和需求，更好地实现销售目的。